Adamu Sallau

Elementos vestigiais nos campos mineiros da região média do Benue, na Nigéria

AF536677

Adamu Sallau

Elementos vestigiais nos campos mineiros da região média do Benue, na Nigéria

ScienciaScripts

Imprint

Any brand names and product names mentioned in this book are subject to trademark, brand or patent protection and are trademarks or registered trademarks of their respective holders. The use of brand names, product names, common names, trade names, product descriptions etc. even without a particular marking in this work is in no way to be construed to mean that such names may be regarded as unrestricted in respect of trademark and brand protection legislation and could thus be used by anyone.

Cover image: www.ingimage.com

This book is a translation from the original published under ISBN 978-3-659-85308-1.

Publisher:
Sciencia Scripts
is a trademark of
Dodo Books Indian Ocean Ltd. and OmniScriptum S.R.L publishing group

120 High Road, East Finchley, London, N2 9ED, United Kingdom
Str. Armeneasca 28/1, office 1, Chisinau MD-2012, Republic of Moldova, Europe
Managing Directors: Ieva Konstantinova, Victoria Ursu
info@omniscriptum.com

Printed at: see last page
ISBN: 978-620-8-37386-3

Copyright © Adamu Sallau
Copyright © 2024 Dodo Books Indian Ocean Ltd. and OmniScriptum S.R.L publishing group

ÍNDICE DE CONTEÚDOS

AGRADECIMENTOS

Agradeço muito ao Professor U.A. Lar, o meu orientador, pela sua demonstração de orientação académica invulgar. Estou igualmente grato ao Professor E. C. Ashano, ao Professor A.E Ogezi, ao Professor M. Adiuku-Brown, ao Professor S.J. Mallo e ao Dr. A.O. Solomon pelos seus comentários e contributos construtivos. Todos os membros do pessoal do Laboratório de Geoquímica do Departamento de Geologia são igualmente reconhecidos com gratidão.

Dr. Emmanuel S. Miri (OFR), Dr. Donald Hopkins, Dr. Frank Richards, Dr. Amy Patterson e Dr. Gregory Noland pelo seu apoio e encorajamento. O Governo do Estado de Nasarawa, na Nigéria, apoiou este projeto com uma subvenção financeira, que tornou possível a realização desta investigação.

Estou grato a Ayuba Mangs, Enan Adamani, Davou Dalyop (já falecido), Murtala Suleiman e Moses Usman pela sua ajuda durante a recolha de dados e o trabalho de laboratório. Também reconheço Jibrin Sabo Keana JSK, por aquela primeira lição de geologia em 1986. Às pessoas amáveis e simpáticas das aldeias que visitei (nas comunidades mineiras), que toleraram a minha intrusão na sua idílica paisagem rural e na sua privacidade, estou-lhes grato.

A minha querida mulher, Zainab, e os meus adoráveis filhos, Abdullahi, Hanifah, Isma'il, Mustapha, Ummul-Khultum e Ja'afar, bem como as famílias (Sallaus, Osava Egyes e Onukus) que me apoiaram desde o berço, são muito apreciados pelo seu sacrifício, orações e encorajamento. A minha dívida para com eles é incomensurável.

Acima de tudo, estou grato a Deus Todo-Poderoso (SWT), cuja misericórdia tornou possível este e todos os outros esforços.

DEDICAÇÃO

Este trabalho é dedicado ao meu falecido pai, Mallam Sallau Egwa Ozegya, que me ensinou que "... a mera esperança não é uma intervenção, mas sim "*afiar a serra*" através do trabalho árduo, da paciência e da oração. "

RESUMO

As actividades geogénicas e mineiras na zona de Awe-Keana constituem um ambiente adequado para a libertação de oligoelementos nas terras agrícolas e na água potável, podendo constituir uma ameaça para a saúde da população local. Esta investigação investigou as tendências de concentração e os níveis de oligoelementos (As, Cd, Co, Cr, Cu, Mo, Ni, Pb, I, Se, Ba, Zn) com o objetivo de avaliar o grau de poluição ou enriquecimento nos solos, sedimentos, água e salmoura da zona. Um total de 203 amostras foram recolhidas e analisadas por espetrometria de emissão ótica com plasma indutivamente acoplado (ICP-OES). Os parâmetros utilizados para a avaliação incluíram ferramentas espaciais Surfer^{R} , índice de geoacumulação (Igeo), fator de enriquecimento (EF), fator de contaminação (CF) e índice de carga poluente (PLI). Os resultados revelaram níveis elevados de arsénio (As) na água; zinco (Zn), crómio (Cr) e níquel (Ni) no solo, muito acima dos limites permitidos pelas normas mundiais, incluindo a Organização Mundial de Saúde (OMS). O solo e os cristais de sal NaCl eram deficientes em iodo (I) e selénio (Se). Os sedimentos dos cursos de água, bem como as salmouras, têm uma elevada concentração de Pb. O índice de geo-acumulação mostrou uma elevada poluição de Zn em Keana, Azara, Awe e Obi (3,81, 3,39, 3,28 e 2,43, respetivamente) com uma elevada poluição de Ni e Cr em Obi (5,88 e 3,56). As medições do fator de enriquecimento indicaram que todos os oligoelementos examinados estavam gravemente enriquecidos no solo da zona de Azara (EF- Zn=732,97; As =723,59; Pb=91,48). O Zn e o As estavam enriquecidos em Awe (EF=125,22 e 154,37) e Keana (EF=128 e 87,30). O índice de carga poluente indicou uma contaminação baixa (PLI <1) dos metais pesados, com exceção dos valores elevados de arsénio registados em Awe, Azara e Keana, com uma contaminação elevada de Ni em Obi (com PLI > 1). A oxidação natural de minerais de sulfureto, a exploração mineira e as fontes antropogénicas foram responsáveis pelos níveis de elementos vestigiais na área. A Análise de Componentes Principais (PCA) do solo e da água na área mostrou cargas de elementos para Pb, As e Zn, na litologia das Formações Keana e Ezeaku e também mostrou Ni e Cr no xisto argiloso da Formação Awgu. Verificou-se que as vias de exposição humana incluem a inalação de poeiras, a água potável, as culturas cultivadas e consumidas na zona e através da pele. Estes resultados mostraram que as zonas mineiras e adjacentes estavam poluídas, o que implica que a baixa exposição continuada a longo prazo da população local a oligoelementos potencialmente tóxicos como o Ni, Cr, Pb, As e Cd, ou a deficiência de elementos como o Se, I e Mo, poderia ter resultados adversos para a saúde humana e outros riscos ambientais. Foi recomendada, entre outras medidas, uma maior sensibilização do público para a exploração mineira e a transformação de minerais, bem como o apoio do governo à investigação interdisciplinar para criar uma base de dados com vários indicadores.

CAPÍTULO 1

INTRODUÇÃO

1.1 ANTECEDENTES DO ESTUDO

Os problemas ambientais que afectam negativamente o planeta Terra, nomeadamente a saúde e o bem-estar humano e animal, continuam a ser um dos principais desafios da nossa civilização. Estes problemas são geogénicos, causados por factores naturais como a meteorização, o vulcanismo, etc., ou antropogénicos, como a exploração mineira, as práticas agrícolas, a tecnologia nuclear, os resíduos industriais, os efluentes domésticos, entre outros. Os problemas são, de facto, ainda mais agravados pelos factores induzidos pelo homem.

Tanto as actividades naturais como as actividades humanas dão origem à distribuição de elementos químicos no ambiente, particularmente nos solos, onde são posteriormente lixiviados para as reservas de águas subterrâneas. Isto pode levar à concentração dos elementos químicos nos solos, onde estão disponíveis para serem absorvidos pelas plantas e culturas alimentares, dando origem a muitos e variados perigos para a saúde humana e a outros desequilíbrios ambientais. A relação entre o ambiente geológico e as variações nas ocorrências de doenças locais e regionais foi observada e continua a manifestar-se. Estes desenvolvimentos são paralelos ao crescimento de uma ciência nova e fascinante, já emergente, designada por "geologia médica" por consenso internacional, com consequências potencialmente enormes para o bem-estar das pessoas em todo o mundo (Dissanayake, 2005; Davies 2006).

A África e outras regiões em desenvolvimento do mundo apresentam o cenário mais ideal para as correlações entre o ambiente geológico e a distribuição de doenças, principalmente devido ao contacto particularmente íntimo da população com a terra e à sua exposição e vulnerabilidade diárias, através da ingestão de alimentos e água, a quaisquer oligoelementos que se tenham concentrado nas culturas das suas explorações agrícolas. As zonas habitadas em solos muito empobrecidos, como em Maputaland na África do Sul (Davies, 2006), têm uma ingestão tão baixa de elementos essenciais que uma percentagem muito grande da população sofre de uma variedade de problemas de saúde humana causados por desequilíbrios minerais graves (Chenz, 2000, Davies, 2006). Do mesmo modo, noutras zonas, há um excesso de ingestão de elementos devido principalmente à abundância de certos elementos no ambiente. Esta situação conduz a uma elevada incidência de toxicidade por elementos químicos, como o envenenamento por arsénico, generalizado e trágico, registado na Índia e no Bangladesh, entre muitos outros exemplos em todo o mundo (Dissanayake, 2005). Na Nigéria, a fluorose dentária grave e generalizada observada ao longo do eixo Langtang-Kaltungo-Gwoza-Bama, no centro-norte-nordeste do país, resultante da toxicidade do flúor, constitui um exemplo local clássico (Lar e Dibal, 2005; Lar, Dibal, Daspan e Jaryum (2007). A recente incidência trágica do envenenamento epidémico por chumbo (Pb) em Anka LGA, no Estado de Zamfara, onde morreram mais de 200 crianças com idades compreendidas entre os 3 e os 12 anos (com mais 2 000 em risco), é um testemunho da necessidade desejada de um estudo como este, na Nigéria.

1.2 OBJECTIVOS E METAS

1.2.1 Objetivo

O objetivo desta investigação foi investigar e determinar a relação entre as concentrações de elementos vestigiais da área de estudo, especialmente no que se refere à qualidade do sal ou salmoura de NaCl, da água potável e do solo em que as culturas são cultivadas.

1.2.2 Objectivos específicos

Para realizar esta tarefa, o estudo procurou atingir os seguintes objectivos

i. Realizar a cartografia geológica de pormenor da zona de estudo com vista a atualizar a geologia.

ii. Determinar as tendências geoquímicas de concentração dos elementos vestigiais (As, Cd, Co, Cr, Cu, Fe, Mg, Mn, Mo, Ni, Pb, I, Sb, Se, Sr, Ti, V, Ba, K, Na, La, Zn, P, S e SC) no solo, na água, nos sedimentos dos cursos de água, bem como no sal de NaCl produzido na área de estudo, com vista a estabelecer os seus níveis e tendências de concentração.

iii. Efetuar uma avaliação ambiental dos oligoelementos utilizando índices de poluição como o índice de geo-acumulação (Igeo), o fator de enriquecimento (EF), o fator de contaminação (CF) e o índice de carga poluente (PLI), para avaliar o estado de contaminação do solo, da água e dos sedimentos na zona de estudo.

iv. Destacar os problemas de saúde humana encontrados na zona, numa tentativa de estabelecer as relações entre esses problemas de saúde e a distribuição de oligoelementos.

v. Destacar outras questões ambientais, como as vias de exposição humana aos oligoelementos e as questões relacionadas com a devastação dos solos resultante da extração artesanal de depósitos minerais e outras.

1.3 JUSTIFICAÇÃO DO ESTUDO

Existem depósitos de salmoura generalizados na área de estudo (Awe, Azara e Keana), em resultado dos quais é produzido sal comum ou sal NaCl para uso doméstico (utilizado na cozinha como sal de mesa) e para outros usos. Este mesmo ambiente geológico é caracterizado por uma extensa mineralização de barita, carvão, calcário, cobre e chumbo-zinco, atraindo uma proliferação de actividades mineiras artesanais, que tornaram a distribuição de oligoelementos, também generalizada, muito mais fácil através de processos e actividades de meteorização, afectando assim a qualidade da água potável e de irrigação, dos sedimentos e do solo das zonas.

Vários locais da bacia do Benue também apoiam indústrias de pequena e média escala, a partir da extração destes depósitos minerais, especialmente para a salmoura. Estes incluem a área de Mutum Daya na parte superior, o campo de salmoura de Awe - Akiri e Keana, o campo de salmoura de Toddy - Annaba, o campo de salmoura de Akwana Arufu, na parte média e os campos de salmoura de Abakaliki

- Okposi- Ogoja na parte inferior do Benue e muitos outros (Phoenix, 1966; Orajaka, 1972; Sallau 2002; Obaje, 2009; Chanda, Obaje, Moumouni, Goki e Lar (2010). Os processos geológicos que deram origem a estas mineralizações, a exposição dos constituintes dos elementos químicos dos depósitos minerais pelas actividades mineiras na área e a subsequente lixiviação e redistribuição de elementos no ambiente, juntamente com os complexos padrões de meteorização produzidos, bem como outros factores ambientais, podem ser melhor compreendidos a partir de uma consideração das diferentes reacções químicas que envolvem elementos durante a lixiviação, dissolução na água, oxidação-redução, poluição por partículas e fontes antropogénicas. Por conseguinte, é necessário investigar a qualidade das salmouras e das águas subterrâneas e avaliar o nível de contaminação dos solos/sedimentos pelos elementos químicos. Esta investigação justifica-se pelo facto de a população local depender exclusivamente das águas subterrâneas (principalmente de poços escavados e perfurados não protegidos) para beber e da terra/solo para o cultivo (para a agricultura de subsistência).

A qualidade do solo e da água potável, sem dúvida influenciada pelo ambiente ecogeoquímico descrito acima, precisa de ser verificada e devem ser procuradas formas de melhorar a qualidade. Exceto em alguns locais, as águas subterrâneas e mesmo as águas superficiais na área de estudo são duras, salgadas e, em alguns locais, com sabor a trona e efervescência (Offodile, 1976a; Sallau, 2002; Adiuku-Brown, Ngarbu, Davou e Salako, 2006).

Um estudo anterior da área de Keana (Lar e Sallau, 2005) revelou a ilusão de deficiência de iodo (completamente ausente) nos cristais de sal, mas com alta concentração de 0,25 ppm nas águas, ligeiramente acima do limite da OMS de 0,2 ppm. De facto, as amostras de água subterrânea em alguns locais têm até 0,44 ppm de iodo. Outra razão que motivou esta investigação é a questão da extração artesanal de depósitos minerais. A baritina, o chumbo-zinco, o cobre e as salmouras estão a ser extraídos em Abuni, Adudu, Aloshi, Awe, Azara, Kanje, Keana, Obi e muitos outros locais escondidos, o que gera resíduos, rejeitos e derrames no solo, nos cursos de água e nos rios, resultando na redistribuição de elementos químicos.

1.4 ÂMBITO DO ESTUDO

O objetivo desta investigação é descobrir a qualidade do solo em que as culturas são cultivadas e consumidas, bem como da água (em poços escavados, lagos e riachos) utilizada para beber e para outros usos domésticos. Foi utilizada uma amostragem aleatória para a água e para os sedimentos de ribeiros e lagos, enquanto que uma amostragem radial sistemática foi utilizada para amostras de solo, a fim de determinar a tendência das concentrações dos oligoelementos. Foi utilizada uma técnica geoquímica nova e fiável, a espetrometria de emissão ótica com plasma indutivamente acoplado (ICP-OES), modelo Optima 2000DV Perkielner, para analisar as amostras recolhidas durante o trabalho de campo.

A utilização de índices de poluição normalizados, tais como o índice de geo-acumulação (Igeo), o fator de enriquecimento (EF), o fator de contaminação (CF) e o índice de carga poluente (PLI), foi utilizada para avaliar os níveis de contaminação do solo e da água. Além disso, foram utilizadas ferramentas estatísticas multivariadas, como a correlação de Piersson e a análise de componentes principais (ACP), para descobrir as relações entre os elementos e a sua origem. Todos os índices mostraram níveis elevados de Zn, Ni e Cr nos solos e na água mostraram níveis elevados de arsénio. Os níveis de iodo e selénio nos solos e no sal estão esgotados, mas estão presentes na água.

As populações rurais estão expostas a oligoelementos libertados no solo e nas massas de água através da ingestão do solo (mão-boca), da inalação de poeiras, da penetração dérmica (pele) nos alimentos e na água, que são as principais vias de exposição com implicações óbvias para a saúde. Foram observados bócio, redução da imunidade corporal, manchas brancas nas unhas humanas, entre outros. Foram recomendados estudos de especiação do arsénio, a formação de um grupo de estudo multidisciplinar e o controlo dos processos ilegais de extração e transformação. O estabelecimento dos riscos para a saúde humana relacionados com a toxicidade de qualquer metal pesado continua a ser um desafio futuro.

1.5 TOPOGRAFIA E DRENAGEM

A área de estudo é geralmente sedimentar (com alguns vulcânicos dispersos) e, a nível regional, insere-se na zona plana e geralmente baixa que se estende até ao sopé do planalto de Jos, a nordeste, às margens do rio Benue, a sul, ao qual se juntam o rio Asuku, em Awe, o rio Mada, a oeste, e o rio Okpalaga, a leste. Apesar desta caraterística regional, a área do projeto é suavemente ondulada, frequentemente interrompida por amplas cristas, como a crista de Aloshi em torno de Keana, a crista de Azara baryte-quartzito em torno do eixo Azara-Wuse-Akiri, todas elas variando entre 230 m e 280 m acima do nível do mar. Estas cristas servem frequentemente de divisória para os numerosos ribeiros e rios que se encontram na região.

Os rios Asuku e Wuse nas zonas de Awe e Azara; Okpalaga, Alasamu e Ome na zona de Keana e o rio Okpobi na zona de Obi, são os principais rios da zona e correm quase diagonalmente do nordeste para o sudoeste da zona de estudo. Estes rios, com os seus pequenos afluentes, formam um padrão de drenagem mais ou menos dentrítico na área, antes de desaguar finalmente no rio Benue, no limite sudeste das folhas topográficas 231 e 232. Na maior parte, contudo, o baixo relevo geral que caracteriza a área faz com que a maioria dos outros cursos de água e rios acabem como pântanos e planícies de inundação com aluvião preto espesso e fendas de lama.

1.6 ESBOÇO, LOCALIZAÇÃO E ACESSIBILIDADE

Este estudo combinou duas folhas topográficas de um quarto de grau que são a Folha de Lafia 231; nordeste e sudeste e a Folha de Akiri 232; noroeste e sudoeste. Abrange áreas nas imediações de Awe (Awe, Azara, Akiri, Wuse, Ribi, Kanje, Abuni, Mahanga e Kekura), Keana (Keana, Aloshi, Agaza, Okpalaga, Demakaa, Uluji) e Obi (Obi, Agwatashi, Odobu, Kwaghshir, Agon, Adudu), Áreas Governamentais Locais (LGAs) do Estado de Nasarawa (Figura 2).

Nas duas folhas topográficas; Lafia e Akiri, a área de estudo está localizada nas latitudes 8° $05^{/}$ $00^{//}$ N a 8° $25^{/}$ $00^{//}$ N e nas longitudes 8° $45^{/}$ $00^{//}$ E a 9° $00^{/}$ $00^{//}$ E na folha de Lafia (231 NE + SE). No lençol de Akiri (232 NW + SW), a zona situa-se entre a latitude 8° $05^{/}$ $00^{//}$ N e 8° $25^{/}$ $00^{//}$ N e a longitude 9° $00^{/}$ $00^{//}$ E e 9° $15^{/}$ $00^{//}$ E. Com base no que precede, toda a área de estudo é limitada a oeste e a leste pelas longitudes 8° 45′ 00″ E e 9° 15′ 00″ E, respetivamente, e os limites norte e sul pelas latitudes 8° 05′ 00″ N e 8° 25′ 00″ N, respetivamente. A totalidade da área de estudo abrange cerca de 2000 quilómetros quadrados.

A área de estudo é facilmente acessível através da estrada Lafia - Obi, uma estrada nacional A que se abre na parte central da região sul da folha 231 e através da folha 232, mais a sul, até Awe e Azara. A área também pode ser acedida através da estrada Makurdi - Gbajimba para Keana e Obi, no canto sudeste do lençol de Lafia. No noroeste, a área é acessível através da estrada Kadarko - Giza em direção a Keana e da estrada Awe - Abuni para leste (Figura 2). Geologicamente, a área de estudo insere-se na região do Benue Médio da chamada estratigrafia da calha do Benue.

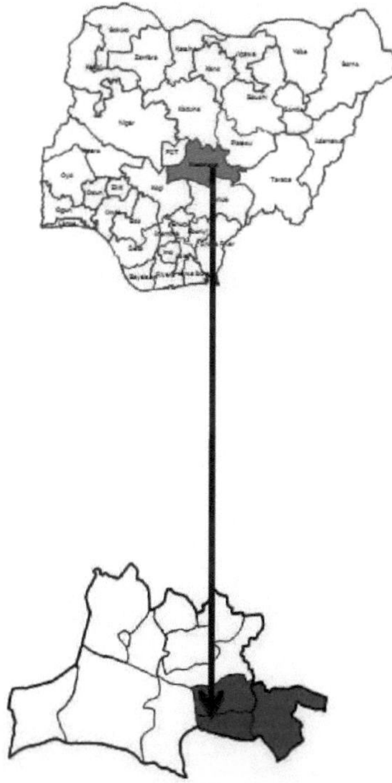

Figura 1: Mapa da Nigéria que mostra a área de estudo; (Awe, Keana e Obi - inset)

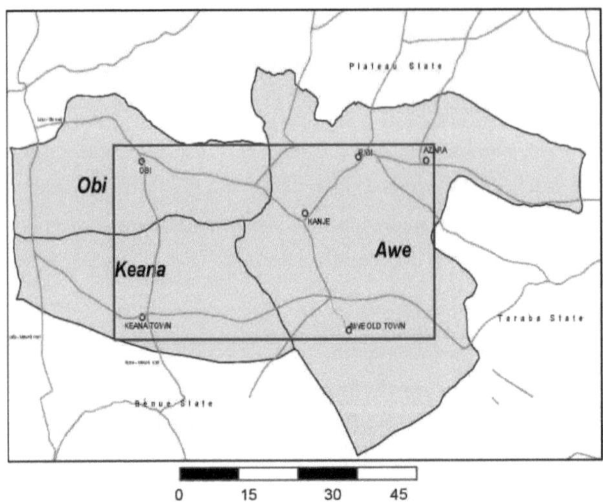

Figura 2: Mapa da área de estudo mostrando a localização e a acessibilidade

CAPÍTULO 2

REVISÃO DA LITERATURA

2.1 O VALE MÉDIO DO BENUE

A Calha Média do Benue foi estudada em pormenor por vários trabalhadores (Offodile, 1976a; Ford, 1980; Orajaka, 1972; Petters, 1982; Nwajide, 1990; Obaje, 1994; Obaje e Abaa, 1996; Sallau, 2002; Tijani e Loehnert, 2004) como uma atualização das investigações realizadas pelos primeiros trabalhadores, como Falconer (1911) e Cratchely e Jones (1965), que discutiam essencialmente a geologia geral, a petrografia, a litoestratigrafia e os recursos minerais da calha e actualizados mais recentemente por Obaje (2009). Alguns trabalhadores efectuaram muito poucos estudos geoquímicos (mas não em pormenor) na década de 1990. Estes trabalhadores incluem Ekwere e Ukpong (1994) nas partes média e inferior da calha do Benue, que analisaram apenas os elementos principais utilizando a espetrometria de absorção atómica (AAS).

Mais recentemente, Adaikpoh, Nwejei, e Ogola (2005); Eze e Chkwu, 2011 (vale do Benue inferior), Sallau (2002); Lar e Sallau, 2005 (vale do Benue médio); Ngozi-Chika (2012) e Dibal e Lar, 2005 (vale do Benue superior), bem como Lar (2013) trabalharam sobre a concentração de elementos vestigiais como F, Pb, Zn, As, Cd e outros elementos potencialmente nocivos, uma vez que estes estão relacionados com a saúde humana e outros riscos ambientais na Nigéria. Lar (2013) observou especificamente que os estudos no campo de salmoura de Keana, localizado na parte central, mostraram concentrações muito elevadas de Pb, Zn, As, Cd, Sb, V e Cr no solo, nos sedimentos dos cursos de água, nas águas subterrâneas, bem como no sal refinado da área. O presente estudo é uma das poucas investigações geoquímicas realizadas na parte central da calha do Benue, que analisa uma gama de cerca de 26 elementos vestigiais de diferentes meios de amostragem (solo, água, sedimentos de ribeiras e lagos e salmoura), abrangendo três LGAs numa área de mais de 2000 quilómetros quadrados de cada vez.

É importante mencionar aqui que, apesar do interesse gerado pela ocorrência de salmouras e outros grandes depósitos minerais (baryte, carvão, chumbo-zinco, etc.) no Médio Benue Trough em torno das áreas de Awe, Azara, Keana e Obi (Sallau, 2002; Lar e Sallau, 2005), o presente estudo constitui uma das primeiras tentativas para desvendar os níveis de concentração de oligoelementos nos solos, salmouras, cristais de sal e água destinada ao consumo humano e para determinar o nível de influência da extração mineira (dos diferentes depósitos minerais contidos nas unidades litológicas) na qualidade da água, do solo e da salmoura na área de estudo.

Não há dúvida de que várias actividades antropogénicas contribuem imensamente para influenciar a distribuição e os níveis de elementos vestigiais no ambiente, incluindo, entre outras, actividades humanas como a exploração mineira, a transformação de minerais, as práticas agrícolas, a urbanização e as actividades industriais. Existem várias instalações mineiras na área de estudo que exploram e processam chumbo-zinco, barita, cobre, bem como sal NaCl, caracterizadas pela geração de águas residuais de minas, lixeiras, rejeitos e outras impurezas que influenciaram a distribuição de elementos vestigiais (Pb, Zn, As, Cd, Cu, Cr), afectando assim a qualidade dos solos (onde as culturas são cultivadas), da água e do sal utilizado para consumo humano na área. A distribuição dos oligoelementos, quer por fontes naturais quer por fontes antropogénicas, representa um perigo potencial para a saúde humana, pelo que requer atenção. Este é o objeto do presente estudo.

O presente estudo analisa as tendências e as concentrações dos diferentes elementos com vista a avaliar os seus níveis de contaminação utilizando alguns indicadores de avaliação da poluição padrão, tais como a análise espacial Surfer, o índice de geo-acumulação (Igeo), o fator de enriquecimento (EF), o fator de contaminação (CF), o índice de carga poluente (PLI), bem como utilizando teorias de correlação múltipla. Será feito um esforço para estabelecer uma ligação entre as distribuições dos elementos químicos e as condições de saúde humana observadas nas zonas.

2.2 ORIGEM DA CALHA DO BENUE

Apesar do ceticismo e das discussões especulativas que se seguiram à famosa teoria da deriva continental e ao conceito moderno da tectónica de placas e da propagação do fundo do mar, a origem do Vale do Benue tem sido tratada de forma variada. Foi sublinhada uma estreita relação entre a origem do vale e a abertura do Atlântico Sul (Burke e Whiteman, 1970; Grant, 1971; Offodile, 1975; Nwajide, 1990; Obaje, 1994; Tijani e Loehnert, 2004). A evolução da Calha de Benue esteve relacionada com a tensão que se desenvolveu após a separação continental da África e da América do Sul (King, 1950), (Fig. 3). O ponto de vista de King foi apoiado por provas científicas de investigações geofísicas (Cratchley e Jones, 1952; Ajakaiye e Burke, 1972) que mostram que a calha tem uma anomalia bouguer positiva axial flanqueada em ambos os lados por anomalias negativas alongadas que são geograficamente susceptíveis de deposição de sal.

Burke e Whiteman (1970) propuseram que a Calha de Benue teve origem num modelo Ridge-Ridge-Ridge (RRR) e também postularam um espalhamento ativo durante o período Albiano - Conianciano com a Calha de Benue, pavimentada por nova crosta oceânica. Cratchley e Jones (1965), Grant (1971), Offodile (1975) e outros autores, em tentativas recentes, apresentaram as suas postulações sobre a origem do vale do Benue, que constituem a base para discussões e que permitem agrupar as teorias da seguinte forma

1. A origem compressional de King é parcialmente apoiada por Cratchley e Jones (1965)
2. A teoria do Vale do Rift de Lee foi novamente apoiada por Cratchley e Jones (1965) e Grant (1971).
3. A teoria da junção tripla RRR de Burke em Burke e Whiteman (1970)

É importante mencionar aqui que estas hipóteses são conjecturais e um dos maiores problemas encontrados no vale do Benue, uma vez que há uma escassez gritante de dados de campo e, por conseguinte, a necessidade inevitável de uma investigação regional aprofundada que geraria uma vasta gama de dados para permitir a interpretação dos diferentes fenómenos geológicos na calha do Benue (Sabo, 1985; Nwajide, 1990; Sallau, 2002).

2.3 HISTÓRIA GEOLÓGICA DA CALHA DO BENUE

A história geológica da Calha de Benue é melhor descrita no contexto do quadro megatectónico das bacias sedimentares nigerianas, o que implica uma Calha de Abakaliki - Benue supostamente flanqueada por grandes falhas de nordeste - sudoeste e um flanco de Calabar por outras falhas de noroeste - sudeste. A dobragem Santoniana elevou a área de Abakaliki e causou a subsidência da plataforma de Anambra para sudeste (Murat, 1970; Offodile e Reyment, 1976). A abertura da Calha de Benue e os subsequentes ciclos de deposição no vale implicam que os processos transgressivos e regressivos deram origem ao crescimento rítmico do pavimento da Crista do Atlântico Sul. As fases transgressivas identificáveis do Vale Médio do Benue, sincronizadas com os movimentos eustáticos conhecidos do mar, mostram claramente algumas das etapas da evolução da Calha do Benue.

Figura 3: Esboço mostrando as tensões que se seguiram à separação continental da África e da América do Sul *(Após Ofodile 1975).*

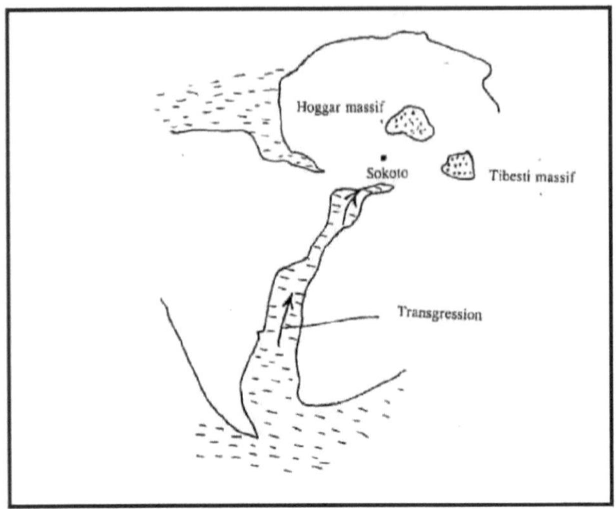

Figura 4: A transgressão do médio Albiano para o Vale do Benue *(Segundo Offodile, 1976a)*

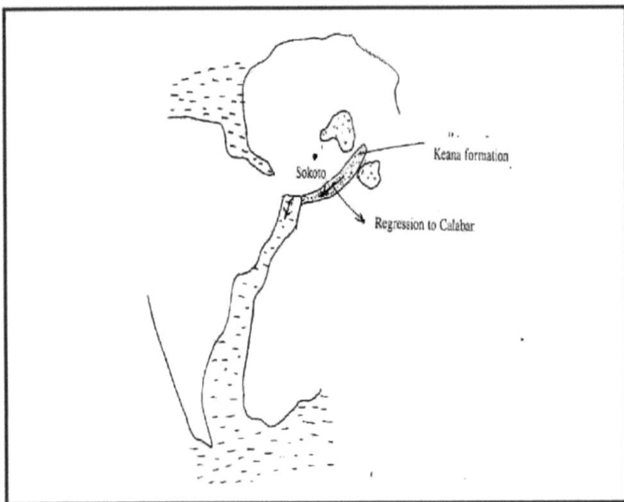

Figura 5a: Regressão Cenomaniana

Diagrama demonstrando a transgressão do Albiano médio para o Vale do Benue e a regressão do Cenomaniano *(Segundo Offodile, 1976a)*

2.4 ESTRATIGRAFIA DA CALHA MÉDIA DE BENUE

A geologia do vale médio do Benue é determinada principalmente por seis formações sedimentares. A mais antiga, a Formação do Rio Asu, ocupa a crista da estrutura principal - o anticlinal de Keana - e é flanqueada de ambos os lados pelas Formações Awe, Keana e Ezeaku. As formações mais jovens, as formações Awgu e Lafia, só são preservadas no flanco ocidental (Sabo, 1985; Nwajide, 1990; Obaje, 1994; Tijani e Loehnert, 2004). Estas formações estratigráficas do Médio Benue foram estudadas e confirmadas por trabalhadores subsequentes (Nwajide, 1990; Sallau, 2002) na região. A Figura 5b descreve a estratigrafia da Calha do Médio Benue.

2.4.1 Formação do Rio Asu

A Formação do Rio Asu foi documentada como a mais antiga formação sedimentar marinha nigeriana conhecida e foi descrita de várias formas na literatura (Reyment, 1965; Petters, 1982; Obaje, 1994; Obaje e Abaa, 1996) como "Xistos Inferiores", "Xistos de Benue", respetivamente.

No Vale Médio do Benue, a Formação do Rio Asu consiste essencialmente em siltitos micáceos, xistos, lamas e argilas subordinadas de cor verde-azeitona a cinzenta escura e rosada. Os afloramentos ocupam o anticlinal de Keana a leste da cidade de Keana e descem até à parte sul exposta ao longo do rio Ugir (Sallau, 2002). A nordeste, a formação é exposta primeiro como uma faixa estreita e depois alarga-se para subjazer à maioria das áreas a sul da zona de Azara. A sequência da formação pode ser traçada a jusante ao longo do rio Ugir a partir da sua nascente; o ribeiro fica a cerca de 8 km a sul de Keana, na estrada Keana-Makurdi. Trata-se essencialmente de xistos, siltitos, lamas e argilas alternados. A sucessão aqui é imediatamente sobreposta nas proximidades da Ponte Bortsa, pela Formação Awe, mais arenosa (Offodile, 1976a). Além disso, a formação é bem visível ao longo dos principais cursos do rio Okpalaga, do rio Ba'a e na estrada Kanje-Azara. O rio Asu produziu numerosos fósseis de amonites (Offodile e Reyment, 1976a) e todos os fósseis confirmam a idade do Albiano Médio para a formação. O ambiente de deposição do rio Asu durante o Albiano está associado ao primeiro influxo do mar após o rifteamento da calha do Benue. Pensa-se que a transgressão tenha sido causada por mudanças no fundo do mar resultantes do crescimento inicial da crista do Atlântico Médio. O mar moveu-se para um canal interior longo e estreito controlado tectonicamente, apropriadamente descrito como a Calha de Benue (Fig. 7). O mar era pouco profundo e mais ou menos influenciado por factores climáticos continentais.

2.4.2 Formação de espanto

A Formação Awe só recentemente foi proposta como unidade litoestratigráfica formal por Offodile e Reyment (1976). Os "leitos de passagem", como os designa Falconer. A formação é composta por arenitos brancos e xistos carbonosos em Awe. Nwajide (1990) e Obaje (1994) confirmam a posição estratigráfica da Formação de Awe numa localidade em redor da cidade de Awe como leitos de passagem, situados entre o Rio Asu mais antigo e a Formação Keana mais jovem. Neste local, a Formação Awe é constituída por arenitos flagelados, esbranquiçados, de grão médio a grosseiro, por vezes calcários, intercalados com xistos ou argilas carbonatados, dos quais saem claramente salmouras. Em direção à base, os arenitos tornam-se de grão mais fino e sucessivamente mais micáceos e, por vezes, com leitos finamente correntes (Petters, 1982; Obaje, 1994).

A formação começou a desenvolver-se durante a regressão do Albiano Superior e provavelmente estende-se até ao Cenomaniano inicial. A espessura da formação em Awe está estimada em cerca de 1000 m e está diretamente sobreposta pelo arenito de Keana, mais arenoso e mais maciço. As exposições da Formação de Awe podem ser vistas ao longo do rio Ugir, a oeste da estrada Keana - Makurdi. Em Keana, as salmouras são vistas a sair das depressões e vales que truncaram estes estratos de transição. As nascentes de salmoura de Akiri também emanam da Formação de Awe (Obaje, 2009). No arenito de grão mais fino de Awe, existem numerosos rastos de vermes e tocas. Os xistos intercalados são tipicamente calcários e podem conter alguma microfauna.

A Formação Awe, pela sua posição estratigráfica, parece ter sido depositada entre o final do episódio marinho do Albiano e o início do Cenomaniano, num ambiente de transição entre as condições predominantemente marinhas e fluviais. Pensa-se que, durante a regressão do mar, uma parte deste poderia ter sido cortada com a formação de lagos e pântanos hiper-salinos (Figuras 5, 6, 7 e 8), seguindo-se a evaporação destas poças salinas que teria conduzido à deposição de evaporitos. Há também a possibilidade de detritos arenáceos encherem os lagos e esponjarem as salmouras ou o abetouro, se os evaporitos se tivessem formado, qualquer uma destas hipóteses poderia explicar a origem das salmouras (Obaje e Abaa, 1996).

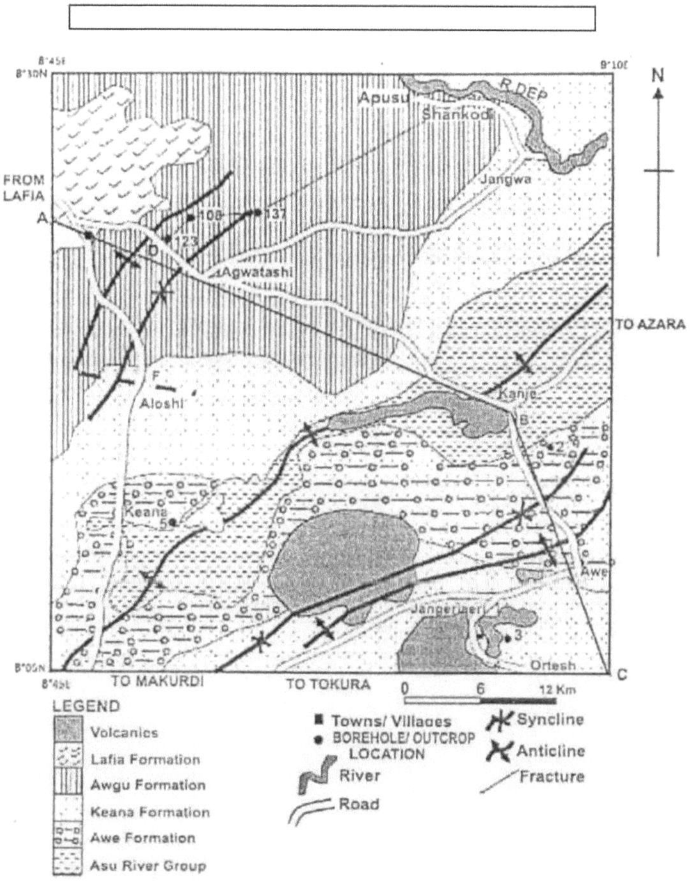

Figura 5b: Estratigrafia da Calha Média do Benue (Segundo Akande Et al, 2012)

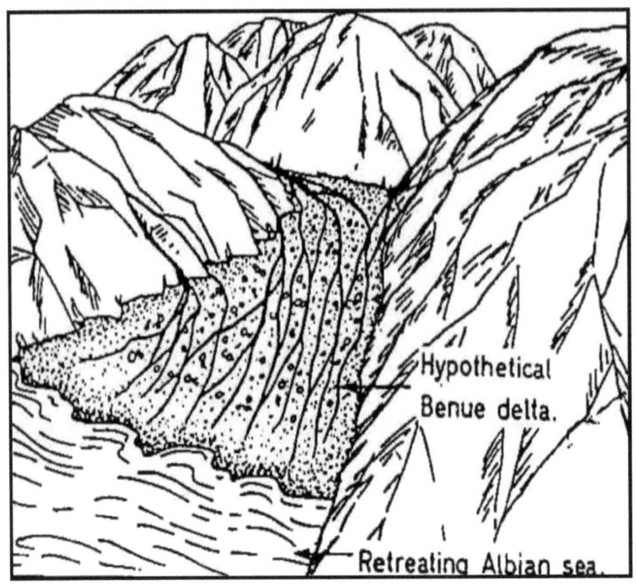

Figura 6: O hipotético delta do Benue (Offodile, 1976a)

Figura 7: O mar albiano médio na "calha" do Benue (Offodile, 1976)

Figura 8: Os lagos hipersalinos conjecturais abandonados pelo recuo do Mar Albiano

Projeção hipotética do desenvolvimento do ambiente provável da formação Awe *(segundo Offodile, 1976).*

2.4.3 Formação Keana

A Formação de Keana pode ser traçada para sul até à Formação de Makurdi e embora seja o seu equivalente lateral. Os arenitos de Bima e as formações de Keana e Makurdi são, por conseguinte, possivelmente parte da mesma unidade litológica que parece tornar-se progressivamente mais jovem em idade de nordeste para sudeste.

Os arenitos são tipicamente maciços, fortemente encharcados, finos a muito grosseiros, por vezes conglomeráticos, por vezes endurecidos, arenosos e arcósicos. A Formação de Keana flanqueia ambos os lados do anticlíneo de Keana e afloramentos maciços ocorrem em várias localidades, incluindo as áreas de Keana, Noko, Chiata, Chikinye, Daudo, Jangerigeri e Azara. A Formação de Keana é mais ou menos estéril em termos do seu conteúdo fóssil, ao contrário da Formação de Awe, repleta de rastos de vermes e tocas nas partes basais. Pensa-se que a Formação de Keana é a extensão sul do Delta de Bima, que aparentemente se deslocou para baixo com o recuo do Mar Albiano. Pensa-se que a formação é totalmente Cenomaniana em idade e é depositada sob condições continentais, (Sabo, 1985; Petters, 1982; Obaje, 1994).

2.4.4 Formação Ezeaku

A Formação Ezeaku é descrita como uma sequência de xistos calcários, siltitos e arenitos duros, escuros, cinzentos a pretos, com bandeiras, observados nos cursos de água a sul da estrada Okigwe - Afikpo. No vale médio do Benue, em torno da área de Keana, a formação consiste essencialmente em xistos calcários, arenitos micáceos friáveis de grão fino a médio e leitos ocasionais de calcário. Nas áreas de

Keana - Awe, a formação pode ser vista a sobrepor-se aos arenitos de Keana em alguns locais e, noutros locais, interdigita-os em áreas de ambiente de transição (Sallau, 2002). Sallau, (2002) descreveu as exposições da Formação Ezeaku na área de estudo como ocorrendo em torno do rio Noko, cerca de 30 km a sul de Keana e perto do Federal Government Girls College Keana. A cerca de 2,5 km ao longo das bermas da estrada Keana - Obi, observam-se afloramentos da Formação Ezeaku imediatamente sobrepostos a arenitos maciços da Formação Keana. Na zona de Noko, os afloramentos consistem em leitos pantanosos intercalados com finos leitos de calcário cristalino (3 - 4 cm de espessura). A rocha é considerada altamente fossilífera com uma fauna abundante constituída essencialmente por ostracodes e foraminíferos (Offodile, 1976). Sallau (2002) também confirmou a existência de alguns bivalves indiferenciados (pelecípodes) e gastrópodes nos afloramentos da Formação Ezeaku a sudeste de Keana e 2 km a norte de Keana. Uma secção típica da Formação Ezeaku pode ser observada na margem do rio Tokura, cerca de 20 km a sudeste de Awe, na estrada Chikinye - Awe. Uma secção semelhante pode também ser observada na aldeia de Chiata, cerca de 4 km a norte de Tokura (Sallau, 2002). O ambiente de deposição da Formação Ezeaku está relacionado com o movimento trangressivo do mar durante o Cenomaniano Superior, parecendo ter sido depositado num ambiente costeiro marinho pouco profundo durante um período de baixa entrada de material terrigénico devido ao baixo escoamento (Offidole, 1976b).

2.4.5 Formação Awgu

No Médio Benue Trough, Offodile, (Obaje, 1994) descobriu que a Formação Awgu consiste essencialmente em xistos e calcários negros com veios locais de carvão (tipo coque), em torno de Obi - Agwatashi até à área de Jangwa (noroeste da área de estudo). Sabo (1985) e Sallau (2002) descreveram a Formação Awgu como sendo depósitos constituídos por xistos, xistos argilosos e calcário argiloso. A Formação Awgu foi depositada durante a transgressão Coniaciana generalizada, o mar era geralmente pouco profundo. Um paleoslope de gradiente muito baixo existia como resultado de um episódio de dobragem silenciosa no Santoniano e apenas sedimentos de baixa energia foram depositados. Além disso, extensas plataformas marinhas pouco profundas desenvolveram-se ao longo do Vale do Benue, ligando-se ao mar do Sara, e metade passou lateralmente para ambientes pantanosos nos quais se formaram os carvões (Offodile, 1976b).

2.4.6 Formação Lafia

A Formação Lafia é a unidade litológica mais jovem da estratigrafia do Médio Benue. Infelizmente, a descrição exacta desta formação é ainda uma questão de opinião.

Litologicamente, a formação é constituída essencialmente por arenitos continentais ferruginosos, areias vermelhas soltas, com alguns lodos e argilas flagelados nas imediações da cidade de Lafia até às áreas em torno de Doma a oeste, Assakio a leste, Shabu a norte e Agyaragu a sul, estão cobertas por exposições da Formação Lafia, constituída essencialmente por arenitos, areias e argilas vermelhas, ferruginosas, de grão médio a grosso. Ainda não foram obtidos fósseis identificáveis desta formação. Também se podem observar exposições desta formação sobre os xistos de Awugu na zona a oeste de Obi em direção à zona de Giza (Sallau, 2002). Acredita-se que tenha sido depositada sob condições continentais criadas pelo desvio da via marítima trans-saariana. Trata-se, provavelmente, de uma caraterística de sínteses de deposição resultante da forte tendência oxidante que parece ter existido nas condições continentais que prevaleceram.

2.4.7 Vulcânicos

No Médio Benue, os vulcânicos estão principalmente confinados às áreas de Keana, Awe, Kanje, Abuni e Jangerigeri e os intrusivos estão restritos às estruturas anticlinais como em Keana, Lafia e outras áreas que parecem ter constituído o centro de grande parte das actividades ígneas (Offodile, 1976b e Sallau, 2002). Nas áreas de Keana e Awe, as rochas extrusivas são comuns; a cobertura basáltica estende-se para oeste até ao limite nordeste de Lafia (folha 231 SE), geralmente fina e pedregosa. As áreas basálticas são, na sua maioria, planas e lateritizadas, exceto na zona de Abuni, onde as rochas extrusivas ocupam um terreno montanhoso com caraterísticas algo piroclásticas, sendo as rochas principalmente basaltos do tipo vessicular.

Ocorrem também basaltos densos e vesiculares sem estruturas em forma de almofada. Os basaltos são principalmente do tipo olivina fresca, geralmente ferruginizada. A idade dos vulcões não é certa, mas os indícios disponíveis de intrusões na Formação Lafia sugerem uma idade terciária.

2.4.8 Depósitos superficiais.

Os depósitos superficiais consistem essencialmente na cobertura de solo de sobrecarga, resultante principalmente da meteorização das formações sedimentares subjacentes. A textura e a cor do solo variam de local para local, dependendo dos estratos subjacentes ao solo; são maioritariamente vermelho-tijolo, arenosos a argilosos. Nas zonas de Keana-Awe, o solo é geralmente argiloso e pesado. Os solos são invariavelmente arenosos, soltos e de grão grosseiro. Em algumas zonas, as areias são suficientemente espessas para serem extraídas para outros fins de construção.

Os sistemas fluviais, que consistem nos principais rios como Asuku, Wuse, Ome, Okpalaga, Ugir, etc., transportam uma grande quantidade de aluvião que é depositado nos seus canais no final das chuvas e este aluvião suporta actividades agrícolas intensivas resultantes da terra geralmente fértil. Em praticamente todas as formações geológicas, os processos de lateritização são observados na geologia e, por exemplo, na formação de Lafia, as lateritas foram formadas in situ, compreendendo pedra de ferro que diminui de intensidade para baixo. A textura original e o acamamento das rochas são mantidos. Isto deve-se ao facto de os processos de lateralização serem controlados principalmente pelas condições ambientais. Em torno da área de Keana-Kanje-Awe, as lateritas aí encontradas parecem ter sido induzidas por fluxos basálticos e é por isso que as lateritas nestas áreas aparecem carateristicamente vesiculares e nodulares. No entanto, na zona de Keana, as lateritas não foram cobertas por basaltos.

Em geral, as lateritas são encontradas principalmente, mas não exclusivamente, como um produto residual da meteorização em rochas parcial ou totalmente decompostas e outras formações sedimentares são amplamente utilizadas para a construção de estradas e têm sido amplamente utilizadas como tijolos cozidos e blocos de lama para a construção de diferentes estilos de casas modernas e antigas. A Figura 9 apresenta um mapa geológico da área de Awe-Keana com todas as unidades litológicas.

2.5 MINERALIZAÇÃO NA CALHA DE BENUE

A Calha do Benue é rica em ocorrências de baritina, chumbo-zinco, carvão, cobre, calcário e salmoura. Estas ocorrências estão associadas aos vários processos geológicos (de transgressão, regressão do mar e subsequentes eventos de deposição, vulcanismo, etc.) que caracterizam a própria calha do Benue, bem como eventos posteriores, tal como relatado por Obaje (2009) e muitos outros.

Durante uma fase posterior da cristalização do magma, a água quente associada e outros fluidos dissolvidos escapam e infiltram-se através de fissuras e poros nas rochas circundantes, transportando consigo sais dissolvidos, gases e metais que arrefecem e depositam os seus minerais dissolvidos, criando depósitos de minério hidrotermais, incluindo sulfuretos, sulfatos e carbonatos de Mg, Ba, Pb, Zn e Cu (Ford, 1980). A atividade tem sido mais forte nas partes central e sul da calha, onde se encontram estruturas anticlinais como a anticlinoria de Keana e Abakaliki, ao longo da parte média e sul do Benue, respetivamente, indicando provavelmente a afluência de material subcrustal (Offodile, 1976b).

O fenómeno da subida das águas mineralizadas tem sido associado à emanação de salmouras concentradas contendo metais pesados nas profundezas da calha central do Mar Vermelho (Ford, 1980). A água quente e salgada que está agora a ser emitida nesta mesma área central do canal de Benue pode estar relacionada com uma fonte semelhante. Isto também poderia explicar a mineralização de Pb-Zn e de veios de barita encontrada em Kabana, Armful, Airy, Azeri, Amery, Keana e noutras áreas da calha do Benue. Dentro do Vale do Benue, a Calha Média do Benue é altamente mineralizada com muitos dos veios mineralizados tendendo nas direcções NE - SW (Offodile, 1976a; Obaje, 2009).

Quase todas as unidades geológicas descritas nas secções anteriores são conhecidas por terem algumas perspectivas económicas, embora apenas áreas muito limitadas do Médio Benue

O Vale do Chumbo foi objeto de uma investigação aprofundada, em particular a sua geoquímica. As zonas mineralizadas apresentam ocorrências de chumbo-zinco, baritina e salmoura, todas intimamente associadas. Outras incluem calcário, carvão, cobre, prospeção de hidrocarbonetos (petróleo e gás natural), laterite, agregados pétreos, etc.

2.5.1 Salmouras

As ocorrências notáveis de salmouras em muitas partes da calha do Benue estão associadas à transgressão marinha, onde o influxo de água do mar para as bacias costeiras, durante o período Aptiano-Albiano e as condições geológicas e paleoclimatológicas que se seguiram, deram origem à deposição de evaporitos (Offodile, 1976a). As salmouras ocorrem no vale do Benue, a leste, em torno de Awgu (Estado de Enugu), Ameki, Ameri, Enyigba, Ikwo-Abalaliki, Okposi, Afikpo e Uburu no Estado de Ebonyi. No vale médio do Benue, encontram-se salmouras nas zonas de Azara, Akiri, Ribi, Kanje, Awe e Keana no Estado de Nasarawa. Outras incluem Muri, Mutum Daya, Gyaka, Todi Ayabam, Ibi, Akwana e Arufu no Estado de Taraba. No Estado de Benue, as salmouras ocorrem em Mai Yegbo, Ijigbam,

Anum e Yandev. Também são registadas ocorrências em torno de Pindiga e Futuk no Estado de Gombe. No sul, há ocorrências em Ogoja, Okpoma-Woda, Ijegu, Onyi e Gadu no Estado de Cross Rivers (Orajaka, 1972; Offodile, 1976a; Ekwere e Ukpong, 1994 e Sallau, 2002). Outras ocorrências fora da região de Benue são as de Iyoko (Estado de Ogun) e Gumel no Estado de Jigawa (Orajaka, 1972; Ford, 1980).

Modo de ocorrência das salmouras

As salmouras são vistas a emanar de formações de transição entre ambientes marinhos e não marinhos (Offodile, 1976b). No Alto Benue, a Formação Yolde, de onde emanam as salmouras, situa-se entre as formações continentais Bima e marinhas Dukul. Do mesmo modo, no Médio Benue, a Formação Awe, entre as formações continentais Keana e marinhas do Rio Asu, alberga as salmouras, ao passo que no sudeste, o possível equivalente da Formação Awe, entre as formações Amasiri/Ezeaku e do Rio Asu (Offodile, 1976a).

As salmouras são provenientes dos flancos das principais dobras anticlinais numa faixa estreita que vai de nordeste, no Vale de Gongola, a sudeste, na zona de Abakaliki. Na zona de Keana-Awe, esta relação é evidente: as salmouras de Keana são provenientes do flanco ocidental do anticlinal de Keana, em vales e depressões que cortaram a formação subjacente de Awe e de arenitos xistos de transição entre as formações do rio Asu e de Keana. As salmouras estão sob pressão considerável com temperaturas registadas até 40° C (Offodile, 1976a). Sallau, 2002, mediu até 57^0 C e 42^0 C nas fontes de salmoura quente de Akiri e Awe, respetivamente, escorrendo com muita pressão. Em Awe, o quadro é muito mais claro, com as salmouras a emanarem obviamente dos xistos intercalados na série alternada de arenitos e xistos.

As quantidades de sal que podem ser obtidas a partir das fontes mais activas são tais que poderiam suprir todas as actuais necessidades domésticas e industriais da Nigéria (atualmente, a extração é de cerca de um quarto de milhão de toneladas/ano), no que parece ser uma fonte inesgotável de sal. Nestas zonas, a extração de sal é efectuada durante pelo menos metade do ano.

Na maior parte das localidades das zonas de Awe-Keana, as indústrias locais de produção de sal de NaCl comestível foram criadas em 1232 d.C., sendo a localidade de Keana uma das primeiras destas empresas (Offodile, 1976; Sallau, 1997). O sal produzido nestes locais está a ser continuamente consumido pelos habitantes rurais de todos os Estados de Benue, Nasarawa, Plateau, Kogi, Taraba e Cross River, etc., mesmo quando o sal iodado moderno inunda o mercado.

Verifica-se que a salmoura emana de formações subjacentes (formações sedimentares de Awe e Keana) que caracterizam a geologia, dominada pela interação de eventos tectónicos, meteorológicos e geológicos (como as fases de transgressão e regressão marinha do desenvolvimento da bacia do Benue), etc., levando à deposição de barita, chumbo-zinco, cobre e calcário nos campos de salmoura (Sallau, 2002; Lar e Sallau, 2005).

Estudos (Offodile, 1976; Sallau 2002) mostraram que as salinidades reais de locais individuais variam, muito provavelmente devido a variações sazonais de misturas de água superficial (meteórica). Mas geralmente, os valores variam entre 2% e 8% de salinidade. A salinidade de 8% foi recentemente registada (Projeto FEAP 1999) na refinaria de sal local de Keana, o que representa uma das salinidades mais elevadas registadas em toda a calha do Benue. As salmouras estão sob uma pressão considerável e têm temperaturas entre 40 e 57° C (Offodile, 1976a; Sallau, 2002).

Origem das salmouras

Um aspeto muito importante do estudo da Calha do Benue, que ainda está por concluir, é a origem das salmouras. Este facto gerou uma variedade de opiniões, desde sugestões para a ocorrência das salmouras no ambiente de transição entre os arenitos Muri e o calcário Turoniano, sugerindo que as salmouras estavam sob pressão considerável e associadas a eixos anticlinais subordinados ao longo dos quais se originam (Offodile, 1976a).

Tattan (1974) afirmou que as salmouras se deviam à possibilidade de impregnação de sal nos espaços porosos das areias e atribuiu a pressão ao peso da rocha que, consequentemente, deslocou lentamente as salmouras para depósitos de Pb - Zn de soluções hidrotermais associadas a vulcanismo recente. Este ponto de vista foi apoiado por provas de campo de uma relação estreita entre chumbo-zinco e barita (Tate, sem data). Foi sugerida uma origem magmática para as salmouras devido à sua estreita relação com a mineralização de Pb-Zn e BaSO4 (Offodile, 1976a). Verifica-se que, todas as condições geológicas consideradas acima, apontam para a possível existência de águas conatas ou evaporíticas de origem marinha. As salmouras estão sob uma pressão considerável derivada da água meteórica, recarregada a partir das áreas de afloramento das formações permeáveis (Offodile, 1976a). O calcário Noko (a sul de Keana) e o seu conteúdo salino são de origem marinha e este calcário impregnado pode ser uma das fontes das salmouras em resultado da lixiviação das águas subterrâneas (Offodile, 1976a). A relação do rácio Na + K/CI com o da água do mar, tal como relatado por Offodile (1976b), sugere que as salmouras são possivelmente marinhas, apoiado por Ford (1980). As salmouras apresentam um rácio Ca/Na, SO4/CI e HCO3 relativamente mais baixo e Mg/Ca mais elevado e são geralmente de pH baixo. Foi sugerida uma origem magmática para as salmouras devido à sua estreita relação com a mineralização de Pb-Zn e BaSO4 (Offodile, 1976a).

2.5.2 Barita

Na zona central (axial) da calha média do Benue, existem numerosos filões e veios minerais com predominância de baritina, que atravessam geralmente as zonas de Keana e Azara, predominantemente na direção noroeste-sudeste. As ocorrências mais importantes encontram-se nas zonas de Keana e Azara; outros locais onde se encontra baritina incluem as zonas de Ibi, Gbande (perto de Gboko), Akwana e Arufu (Tate, sem data).

As ocorrências de Keana encontram-se em Chiata, a 24 km a leste de Keana; Kuduku, a 4 km a oeste de Keana; Gidan Bature e Gidan Tailor a 4,5 km a noroeste de Keana e várias outras terras agrícolas onde a exploração mineira está atualmente em curso. O depósito de Aloshi (a 10 km da estrada Keana - Obi) é constituído por veios de baritina com quartzitos no afloramento.

As ocorrências mais maciças encontram-se na zona de Azara-Wuse-Akiri, onde o mineral atravessa a rocha do campo; estes veios são marcados por cristas pronunciadas que dominam a topografia da zona. Foi estimada uma reserva de cerca de 40 000 toneladas métricas a uma profundidade de 20 m nesta localidade (Offodile, 1976a). Em geral, a maioria dos depósitos tem alguma galena subordinada (e, nalguns locais, esfalerite) associada ao minério principal, com os filões a atravessar o traço geral da formação. O veio mineral de Aloshi parece ter intersectado as Formações Keana e Awgu, embora a mineralização de barita esteja confinada à área de Keana (Offodile, 1976a; Sallau, 2002). As rochas do país são arenitos, passando por siltitos, e os veios de baritina foram introduzidos em zonas brechadas com até 50 m de largura, compostas por fragmentos de uma mistura de rochas do país que variam de alguns milímetros a 5 centímetros de tamanho numa matriz de siderite e ankerite. Foi efectuado um estudo comparativo da concentração de BaSO4 em amostras dos diferentes depósitos do vale do Benue. Os resultados da análise são apresentados no Quadro 1. A partir desta análise, pode verificar-se que os depósitos nas áreas de Keana e Chiata são os mais puros e com maior concentração de BaSO4 (93,52%), seguidos pelos depósitos de Azara (86,74%). Os de Gbande têm uma concentração baixa (60,85%) devido ao conteúdo de quartzo das rochas do país (Offodile, 1976b)

2.5.3 Chumbo - zinco

Os minerais de chumbo e zinco encontram-se no vale de Benue em torno de Ishiagu - Abakaliki - Agbaja no sul, Akwana - Arufu, Azara-Keana, no centro e Wase - Zurak e Gwana na parte superior. Os veios mineralizados estão geralmente orientados nas direcções norte - sul e noroeste - sudeste. Os minerais de Gwana incluem siderite, pirite, marcassite (provavelmente secundária após solução e alteração da esfalerite) (Offodile, 1976a), quartzo e barita, com outros minerais secundários, sulfatos, carbonatos e óxidos, na zona oxidada. A quantidade total de "minério" provado até à data, incluindo o que foi extraído, é provavelmente da ordem de 1 milhão de toneladas nas três áreas acima mencionadas. É possível que a prospeção e o desenvolvimento detalhados possam duplicar este valor.

O contínuo aumento global dos preços do chumbo, zinco e prata nos últimos tempos aumentou a exploração e melhorou a produção destes minerais. Numa veia ou cumeeira da mina Ameri, foi encontrado um bloco de galena maciça pura com 4 m de espessura. Na zona de Keana, em torno das aldeias de Kuduku, Gidan Tailor e Bature, a extração de galena tornou-se uma das principais actividades geradoras de rendimentos para os habitantes das aldeias. Várias empresas mineiras obtiveram concessões e licenças de exploração mineira para continuarem a explorar estes minerais industriais (Sallau, 2002).

Tabela 1: BaSO4 de depósitos de baritina em alguns locais do vale médio do Benue

Amostra		Caraterísticas físicas	%
Não	Localidade		BaSO4

BA 1	Azara	Ocorre em cristas de fratura, de cor branca, com muito pouco ferro e possivelmente calcite	80.74
BA 2	Azara	Ocorrem como acima, fracturados com faces de óxido de ferro, calcite e outras impurezas	86.74
BA 3	Gbande	Ocorrem em quartzitos complexos da cave branco a esbranquiçado, aspeto fibroso com muito quartzo, com manchas de ferro	84.45
BA 4	Gbande	Ocorre como em BA3. Formar um único espécime grande descolorido pela rocha do campo	60.83
BA 5	Chiata	A partir de uma zona de fracturação moderada, blocos cristalinos limpos, pequenos e regulares, com pouco ou nenhum óxido de ferro.	92.85
BA 6	Chiata	Fratura com manchas de ferro, relativamente limpa	93.52
BA 7	Keana	Preenchimento de fracturas em crista de quartzo muito fracturado com partículas manchadas de ferro, com cristais de sílica	93.10
BA 8	Keana	Como em BA 7	84.13
BA 9	Ibi	Enchimento de fratura moderado, branco limpo, bastante fibroso, com poucas ou nenhumas manchas de ferro	84.23
BA 10	Ibi	Como em BA 9	93.30

Fonte: Offodile, (1976a).

Análise de controlo, *amostra padrão = 99,9% BaSO4*

Amostra precipitada = 93,10% BaSO4

2.5.4 Calcário

Foram documentadas extensas jazidas de calcário em Igumale, perto de Makurdi, que atualmente apoiam a nova empresa de cimento do Estado de Benue, onde a linha ferroviária oriental atravessou a formação entre Enugu e Oturkpo. A fábrica de cimento no Estado de Gboko-Benue também está localizada em Yandev devido aos depósitos de calcário. As fábricas de cimento estão localizadas perto de depósitos de calcário (como acima) para facilitar o transporte, uma vez que estão envolvidas grandes e pesadas quantidades. Existem leitos semelhantes a norte do rio Benue, perto de Jangerigeri, 1015 km a sudoeste de Awe, onde a espessura é de cerca de 5 m e contém amonites fósseis abundantes. Na margem do rio em Makurdi, ao longo do leito do rio Guma e em Ribi, ocorrem afloramentos de leitos mais finos. Uma faixa estreita (5 cm) de calcário aflora numa área bastante vasta a cerca de 5 km a sul de New Zurak, em Ashaka, perto de Bajoga, a cerca de 8 m, e este material tem abastecido a nova empresa de cimento Ashaka, atualmente no Estado de Gombe. Foram encontrados depósitos de calcário a sul de Keana até Agwatashi em Obi LGA, estado de Nasarawa. Alguns dos melhores calcários do país encontram-se na calha do Benue, mas será necessário um mapeamento cuidadoso, consistente e exaustivo para avaliar a sua extensão e potencial para uma exploração e produção completas. O calcário é utilizado no fabrico de cimento e a variedade negra é utilizada no fabrico de terrazzo.

2.5.5 Carvão

O carvão aflora ao longo da escarpa de Enugu, que constitui o divisor de águas entre a bacia de drenagem de Anambra e Cross River. Os arenitos maciços e falsos estão sobrepostos à medida de carvão de idade Campaniana - Maestrichtain, com ângulos de imersão de um a três graus para sul e sudoeste. Foram abertas minas em Obwetti, Iva, Okpara, Ribadu, Proson Creek, Forest Hill, Palm Valley e Onyeama por condução e situam-se no sopé da escarpa. As reservas combinadas (indicadas e combinadas) de todas estas minas na região de Enugu totalizam 55 milhões de toneladas. Recentemente, foi aberta uma mina em Okaba, a norte, onde a perfuração e o mapeamento indicaram 48 milhões de toneladas num único filão de 2,35 m (Ford, 1980). Foram efectuadas perfurações e cartografia em Ogbayoga até Odokpono, indicando 80 milhões de toneladas com 31 milhões de toneladas inferidas, numa sucessão semelhante à de Enugu. Outras zonas onde se encontra carvão são Orukpa, Dude Ezimo, Inyi-Awlaw, etc. (Ford, 1980). Na bacia carbonífera de Obi (zona de Lafia-Obi), o carvão contém quantidades substanciais de matéria mineral finamente dividida e disseminada numa matriz de qualidade coqueificante. As camadas de carvão foram encontradas no rio Kwoli, a cerca de 12 km a sul de Lafia, até às zonas de Agwatashi, Jangwa e Obi, com uma reserva estimada em 22,4 milhões de toneladas (Obaje, 2009). As reservas de carvão e lenhite da Nigéria foram recentemente estimadas em 380 milhões de toneladas e são suficientes para 130 anos ao nível do consumo até à década de 90 (Ford, 1980).

2.5.6 Outros minerais

A argila adequada para tijolos queimados e louça de barro encontra-se espalhada em grandes quantidades nas formações de argila dos grupos de xisto do rio Asu, Ezeaku e Agwu do médio e baixo Benue. Estão a ser utilizadas matérias-primas para fábricas de tijolos modernas em Lafia, Makurdi e Oturkpo. As laterites são encontradas principalmente, mas não exclusivamente, como produto residual em rochas parcial ou totalmente decompostas e noutras formações sedimentares. As ocorrências de laterites são extensas a nível local e têm sido amplamente conhecidas pela sua utilização na construção de estradas, encontrando-se em toda a calha do Benue. Além disso, a pedra de ferro encontra-se na maior parte das áreas de Keana-Awe e está coberta por terra arenosa vermelha com uma espessura média de quase 10 m e 60 milhões de toneladas com uma média de 31,9% de Fe foi documentada em redor de Obi e em Enugu. O depósito consiste em blocos angulares de pedra de ferro, essencialmente goetite e limonite (Ford, 1980).

Outros recursos minerais na calha do Benue incluem o trona, registado perto da crista do Anticlinal de Keana, o enxofre como componente da pirite e da marcassite que acompanham os sulfuretos de metais de base, bem como nestes últimos minerais. As areias e os agregados de pedra têm uma variedade de utilizações que vão desde a utilização doméstica à construção civil, como estradas, edifícios, barragens, poços escavados, furos, etc.

2.6 MINERAÇÃO ARTESANAL NA ÁREA DE ESTUDO

A ocorrência generalizada de depósitos minerais na zona, o aumento da procura de minerais sólidos e de matérias-primas para satisfazer as necessidades de diferentes tipos de indústrias, a pressão económica da pobreza e do desemprego, etc., atraíram muitas actividades mineiras artesanais para a zona de Awe-Azara-Keana. As reservas exactas e a quantidade explorada pelos mineiros artesanais locais são difíceis de estimar em cada um dos locais/empresas mineiras, mas a Nigerian Mining Corporation confirmou uma reserva de 730 000 toneladas de baritina só na zona de Azara, de acordo com Obaje et al (2006) e Chanda *et al* (2010). Os minerais extraídos na zona incluem a barite, o chumbo/zinco, bem como as salmouras. Outros minerais extraídos incluem carvão, cobre, calcário, etc., mas não são tão pronunciados como a barita e o chumbo-zinco. A barite ocorre com chumbo e zinco em veios hidrotermais e está espalhada pela área de estudo até à área de Abakaliki, a sul, e de Zurak a Gwana, a norte (Lar e Sallau 2005; Obaje *et al,* 2006; Chanda *et al,* 2010).

Os métodos de extração são principalmente do tipo a céu aberto, utilizando ferramentas rudimentares (escavadoras, pás, etc.), e também a escavação de túneis subterrâneos e o loteamento com explosivos, por vezes utilizados para extrair a barite e o Pb/Zn. A extração de sal consiste em escavar o solo superficial e misturá-lo com lama e água das nascentes/lagos de sal para obter o filtrado de salmoura. As escavações para a extração de barite e de Pb/Zn são feitas ao longo de veios e de golpes e podem atingir grandes profundidades, criando assim trincheiras associadas a consequências ambientais graves e fatais (Quadros 21 e 22). Os processos consistem na triagem manual do minério, após a sua retirada da trincheira, com recurso a baldes e cordas, sendo os minérios de maior qualidade guardados em especial. Os poços de extração são deixados a descoberto/desprotegidos e podem constituir armadilhas mortais para animais e seres humanos, enquanto os lagos são cheios de água que os aldeões utilizam para nadar, beber e outros fins domésticos. Existe sempre a possibilidade de uma elevada concentração de elementos (Pb, As, Cd, etc., associados à barite e ao Pb/Zn) nessas águas, devido à composição dos minerais (em veios, fracturas, falhas) ou a fontes externas, o que torna a população local propensa a riscos para a saúde. Outros impactes ambientais incluem a devastação de terras, a poluição dos solos e das terras agrícolas devido à drenagem ácida das minas (Placas 23 e 24), etc., resultantes da exploração indiscriminada de minerais na área.

2.7 CONCEITO E SIGNIFICADO DO ESTUDO DOS OLIGOELEMENTOS

Normalmente, as concentrações de oligoelementos são modificadas por uma variedade de processos naturais e actividades humanas deliberadas ou por vezes acidentais. As rochas transformam-se em solo, ganhando ou, mais frequentemente, perdendo alguns dos seus constituintes químicos. Os solos podem perder ou ganhar alguns elementos por lixiviação; podem ser adicionados produtos químicos agrícolas e poluentes. As culturas absorvem seletivamente do solo os elementos de que necessitam para crescer e entram no sistema do corpo humano através da cadeia alimentar. A água percola através dos solos e das rochas e, ao fazê-lo, retira elementos químicos para a solução. A água que bebemos contém oligoelementos lixiviados das rochas e do solo e pode ter sido poluída, o que pode provocar problemas de saúde negativos. O mesmo se aplica ao ar que respiramos (Carla, 1995). Os oligoelementos são os elementos presentes apenas em quantidades mínimas num ambiente ou numa amostra. Estes elementos são geralmente inferiores a 1 a 10 partes por milhão (ppm), exemplos incluem Cr, Co, Cu, Mn, Mo, Se, I. Os elementos vestigiais também podem ser definidos como os elementos que não os oito elementos formadores de rocha (O2, Na, K, Si, Al, Fe, Ca, Na, K e Mg (Kabata-Pendias e Pendias, 2001)

Existe uma preocupação crescente com o efeito dos oligoelementos e de outras substâncias químicas presentes no ambiente sobre a saúde do homem e dos animais. Nos seres humanos, os elementos potencialmente nocivos (PHE) têm sido associados a várias doenças, incluindo o cancro (Fiona, Jane, Barry, Don, Chris, Pauline e Lorraine, 1999). Há também um reconhecimento crescente de que as alterações na química da superfície terrestre resultantes da atividade humana estão a ter um impacto no ambiente à escala global. No contexto destas preocupações, existe uma grave falta de informação sobre a concentração e a distribuição destes oligoelementos (e de outros EHE) no ambiente e pouca informação e monitorização sobre a exposição e os efeitos associados nas pessoas e nos ecossistemas. (Fiona, Jane, Barry, Chris, Pauline e Lorrainne 1999); Dissanayake (2005). As relações entre ambiente e saúde são particularmente importantes para as populações de subsistência que dependem fortemente do ambiente local para a sua alimentação e abastecimento de água. Sabe-se que cerca de 25 dos elementos que ocorrem naturalmente são essenciais para a vida vegetal e animal em quantidades vestigiais, incluindo Ca, Mg, Fe, Co, Cu, Zn, P, N, S, Se, I e Mo. Por outro lado, uma superabundância destes elementos é tóxica. Alguns elementos como o As, Cd, Pb, Hg e Al não têm função biológica limitada e são geralmente tóxicos para os seres humanos (Mertz, 1986, WHO, 1996).

Tem sido dada muita atenção ao estudo e à correção de muitos dos oligoelementos significativos, com enormes sucessos. Ao longo das últimas duas décadas, as campanhas globais de iodização do sal na Nigéria, lideradas pelas Nações Unidas e pelos governos, registaram grandes progressos no programa de iodização do sal doméstico/comestível. O elemento iodo ajuda ao desenvolvimento do cérebro, especialmente nas crianças, e a sua falta é, de facto, uma das causas mais comuns de atraso mental evitável (UNICEF, 2001; Dissanayake, 2005). O iodo é também essencial para o desenvolvimento adequado da glândula tiroide. A sua deficiência provoca cretinismo, bócio e muitas outras doenças (Chenz, 2000). Diz-se que trinta e oito por cento (38%) da população mundial está em risco de sofrer de distúrbios por deficiência de iodo (DDI). A iodização do sal de mesa está bem estabelecida e tem sido responsável pela redução do problema global do bócio (Stewart, Fordyce, Ge e Jiang, 2002; Johnson, Fordyce e Stewart, 2003). Sabe-se que tanto as concentrações baixas como as elevadas de oligoelementos (As, I, F, Mo, Se, B, Pb, Zn, Cd, S, Cr, Fe, Mn, etc.) nestes meios são prejudiciais para o ambiente e para a saúde (OMS, 1996; IPCS, 1999).

Alguns exemplos clássicos de doenças associadas a oligoelementos distribuídos através de materiais geológicos incluem: a doença de Keshan (uma doença que causa o aumento e subsequente falência do coração) sofrida pelos residentes da província de Shaanxi, na China, associada à ingestão diária de trigo e milho deficientes em selénio, molibdénio e boro. Está confirmado o baixo nível destes elementos nos solos e rochas das áreas (Zhang, 1998; Fang e Huang, 2003). Na Nigéria, a flourose dentária apresenta-se ao longo do eixo Langtang - Kaltungo - Borno, que vai de sudeste a nordeste do país, numa escala regional. Há também envenenamento por arsénico que causa cancro, pigmentação da pele, queratose e doença de Bowen em áreas com mineralização de Pb-Zn (Lar e Tejan, 2008). A ingestão insuficiente (30mg/dia) de iodo é a causa mais comum de atraso mental e lesões cerebrais no mundo. Cinquenta milhões de crianças já foram afectadas, com mais 100 000 por ano (Dissanayake, 2005; Chenz, 2000). Até ao século passado, a ocorrência de bócio era particularmente comum na metade norte dos Estados Unidos, uma área conhecida como a "cintura do bócio". Existem exemplos não só no presente, mas também no passado; foi levantada a hipótese de que a queda do antigo Império Romano foi atribuída, pelo menos em parte, ao envenenamento generalizado por chumbo (Pb). Utilizavam-se canos e recipientes de chumbo, o que levou a uma diminuição da fertilidade nas classes mais altas, para mencionar apenas alguns exemplos.

As normas internacionais para elementos vestigiais na água potável indicam que, em concentrações elevadas, o arsénio (As) pode danificar o aparelho digestivo, o coração e a circulação sanguínea (Carla, 1995). Os efeitos a longo prazo da acumulação de cádmio (Cd) apresentam-se como lesões intestinais, pulmonares e renais. A exposição ao crómio (Cr) provoca o risco de doenças cutâneas e respiratórias (Parr, 1983; Carla, 1995). A acumulação de chumbo (Pb) no corpo humano pode causar perturbações do sistema nervoso e lesões cerebrais ou renais (Borch-Iohnson e Petersson-Grawe (1995). Além disso, as deficiências em Fe, I, Cu, Zn, Se e S causam anemia, bócio, níveis elevados de colesterol, cicatrização lenta e doenças cardíacas, respetivamente (Parr, 1983). As concentrações de elementos superiores ou inferiores aos limites máximos ou mínimos permitidos pela Organização Mundial de Saúde e por outras normas internacionais nas águas potáveis e de rega de qualquer ambiente devem ser devidamente investigadas, tendo em conta os seus numerosos efeitos nocivos no ambiente e na saúde humana e animal.

O estado atual da investigação em geomedicina em África tem constatado que a presença de substâncias vestigiais nutricionais e tóxicas de origem geológica no continente africano representa um perigo grave, uma vez que a população vive em contacto estreito com o solo e as águas naturais (Davies, 1996, 2000, 2003; Davies e Schluter, 2002), tendo em conta o facto de mais de 70% da população ser constituída por agricultores e mineiros subsistentes. Alguns estudos em África (Ikingura e Akagi 1996; Davis e Schulter, 2002; Ogola, 2003; Sallau 2002; Lar, Tsuwang e Mangs, (2013) e (Lar, 2013) já sugeriram um grave perigo e a necessidade de investigação geológica médica para salvar o ambiente africano e a saúde humana.

CAPÍTULO 3

MATERIAIS E MÉTODOS

3.1 CARTOGRAFIA DE CAMPO E PETROGRAFIA DAS ROCHAS

O trabalho de campo realizado nesta investigação recorreu à utilização de mapas geológicos das áreas de Awe e Keana, folhas topográficas (folha 231 de Lafia e folha 232 de Akiri) e outros dados. Foi consultada, revista e estudada a literatura relevante de trabalhadores anteriores na área. A utilização do recetor do Sistema de Posicionamento Global (GPS12 Map) foi empregue para a cartografia geológica da área. Todos os dados apresentados são baseados em GPS. Outro equipamento utilizado incluiu medidor de pH, ácidos e reagentes, máquina fotográfica digital, 2 veículos de tração às quatro rodas, equipamento de primeiros socorros, guias de caçadores locais, etc., para um trabalho de campo sem problemas. Foram efectuadas visitas de campo para a demarcação da área de estudo, cartografia geológica, amostragem geoquímica e recolha de informações sanitárias.

Foi descrita a geologia da área de estudo, descrevendo as diferentes unidades petrográficas encontradas durante todas as visitas de campo, bem como um resumo das diferentes amostras recolhidas, incluindo a distribuição espacial. Isto para além das tendências de concentração dos elementos químicos nos diferentes meios de amostragem. A avaliação ambiental dos resultados geoquímicos foi feita utilizando índices de poluição, tais como: índice de geo-acumulação (Igeo), fator de enriquecimento (EF), fator de contaminação (CF), índice de carga de poluição (PLI), bem como análise de correlação múltipla, a fim de avaliar os níveis de poluição na área.

Um extenso trabalho de campo que durou cerca de 3 meses teve como objetivo principal atualizar a geologia das áreas de Awe, Keana e Obi, a partir da revisão regional disponível de Offodile (1976) realizada há cerca de 38 anos. Este estudo também se baseou nos trabalhos de Sallau (2002) para obter o que pareceria ser a geologia da área de estudo tal como se encontra atualmente. Este esforço teve como objetivo fornecer uma imagem verdadeira e uma compreensão adequada da geologia da área e, por conseguinte, a relação entre as rochas e a mineralização associada que, por sua vez, talvez fornecesse uma pista sobre a origem das concentrações de elementos vestigiais e as suas vias de distribuição na área de estudo. Com o objetivo de documentar uma geologia bastante detalhada da área, foram recolhidas amostras para observação e descrição minuciosas. O nome "série" tem sido usado para categorizar rochas com as mesmas caraterísticas que podem mais tarde constituir uma formação. De um modo geral, os afloramentos das rochas sedimentares estavam bastante bem expostos, sobretudo ao longo dos cortes de estrada e dos leitos de ribeiras ou rios e também em poços escavados e registos de sondagens, onde as sessões verticais podem ser claramente observadas. Foram observados alguns contactos prováveis. Assim, os limites geológicos apresentados neste relatório são maioritariamente inferidos.

3.2 DESCRIÇÃO PETROGRÁFICA DAS UNIDADES ROCHOSAS

A partir da cartografia de campo e do estudo petrográfico das várias unidades rochosas da área de estudo, foram identificadas cinco unidades litológicas diferentes, também descritas como "séries", que representam as diferentes formações sedimentares e que são discutidas de seguida.

3.2.1 Grupo dos Xistos - Siltitos - Formação Rio Asu (série A)

Este grupo de rochas aflora principalmente na parte sudeste da área de estudo, em torno do núcleo de uma estrutura de cúpula regional, provavelmente o Anticlinal de Keana. A alguns quilómetros a sul de Keana, na estrada Keana - Makurdi, este grupo ou sequência de rochas foi observado a jusante, ao longo do rio Ugir, a partir da sua nascente. Este grupo era constituído por xistos e siltitos alternados com horizontes argilosos subordinados ocasionais. Os xistos eram tipicamente fissurados e muito micáceos. A sua cor variava do cinzento azulado ao castanho bronzeado. As superfícies frescas ao longo do rio Okpalaga apresentavam uma cor esverdeada clara. Os siltitos eram verde-azeitona, mas também podiam ser cinzentos ou castanhos nas superfícies expostas. As pedras argilosas eram essencialmente subordinadas em ocorrências, muitas vezes em manchas e podem também ser lenticulares. Ao longo dos rios Okpalaga e Ugir, as caraterísticas litológicas estavam bem expostas. De facto, a parte inferior desta sequência era caracterizada por espessos leitos de xistos e interrompida por unidades silto-pedregosas mais finas.

Inversamente, na parte superior, os siltitos parecem dominar com leitos de xisto mais finos frequentemente associados a lamitos. Uma sequência semelhante foi observada nas margens do rio Asuku na cidade velha de Awe. A placa 8 mostra o leito de xisto ao longo do rio Ugir. A série A, tal como observada em geral na área, pode dizer-se que é composta por unidades espessas de xisto na parte inferior e uma parte superior que foi dominada pelo desenvolvimento de leitos espessos de siltitos que se tornam progressivamente arenosos para cima, o que é típico do grupo de sedimentos do rio Asu, a Formação do Rio Asu. A série A descrita na área do projeto em torno dos leitos dos rios Okpalaga e Ugir tem todas as semelhanças com a Formação Asu e, por conseguinte, faz provavelmente parte do Grupo do Rio Asu. Pensa-se que esta formação tenha sido depositada durante o Albiano.

3.2.2 O Arenito - Grupo dos Xistos - Formação Awe (Série B)

Este grupo de unidades rochosas é constituído por arenitos que alternam com xistos em forma de sanduíche e destina-se a definir a sequência sucessiva de unidades litológicas em que a série A parece ter evoluído. Os arenitos desta série variam de arenitos castanhos amarelados de grão fino a arenitos esbranquiçados e muito micáceos de grão grosso. A espessura média é de 5-30 cm, mas pode também atingir os 70 cm em algumas secções. A Série B, descrita em várias zonas da área do projeto, parece ter numerosas caraterísticas da Formação Awe, com algumas variações locais. O grupo da Série B é estratigraficamente, provavelmente, parte da Formação Awe

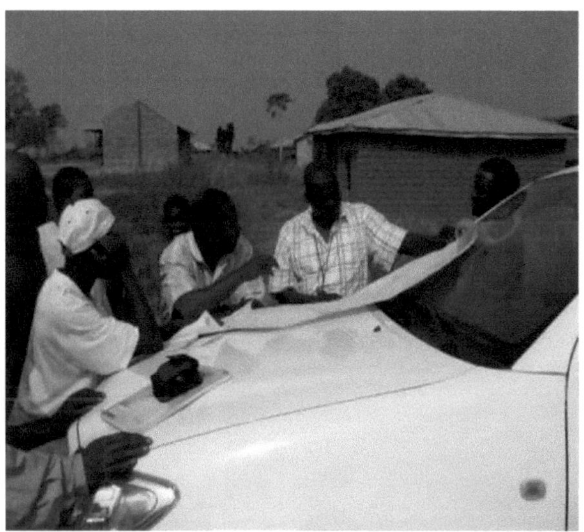

Placa 1: O Investigador e o Supervisor na Visita Pré-Campo para Delinear os Limites e Identificar os Percursos e os Campos de Trânsito na Área de Estudo

Placa 2: Afloramentos de xisto de mergulho (Formação do Rio Asu) expostos em Aloshi, Área de Keana

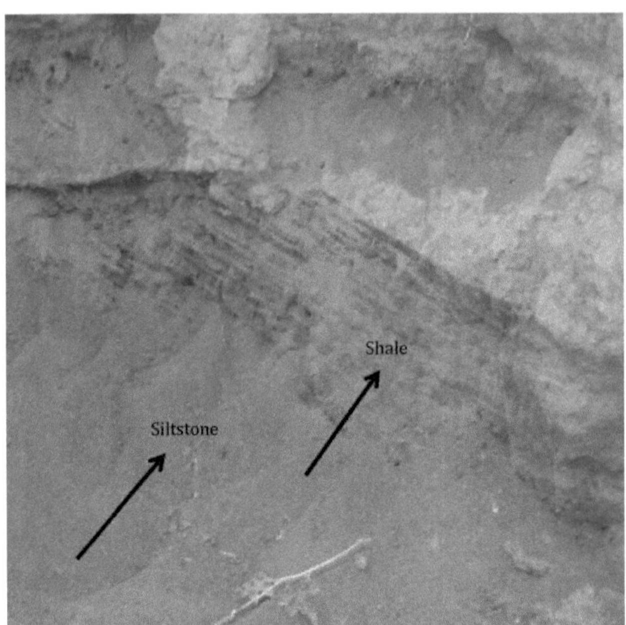

Placa 3: Unidade de xisto-siltito (formação do rio Asu) exposta em Ugir, a sul de Keana

Os xistos desta série eram muito siltosos e muitas vezes facilmente friáveis; eram tipicamente de cor negra e em unidades de leito espesso, frequentemente com mais de um metro de espessura. Na maior parte destas unidades de xisto, tornam-se rapidamente arenáceas e podem ser vistas como arenitos de grão fino e amarelado. Alguns horizontes de xisto contêm fósseis de plantas, principalmente sob a forma de pequenos ramos que parecem raízes de plantas que foram depositadas juntamente com os sedimentos iniciais. A presença de horizontes argilosos também é digna de nota e a sequência ocorreu predominantemente no topo, onde estão intercalados com unidades de arenitos. Onde esta relação existe, o horizonte argiloso ocorre frequentemente em lentes finas entre os arenitos e representa lacunas erodidas na série.

Nas zonas em torno da estrada de Abuni (Figura 9), ao longo da estrada de Keana-Awe, a jusante, os leitos de arenito/xisto mergulham na direção (30° NE) quase paralela à direção das margens do rio. Os leitos de arenito são mais espessos, de grão mais grosseiro e de cor esbranquiçada.

As estruturas sedimentares observadas foram principalmente simples leitos de corrente reta e laminações nos arenitos e horizontes argilosos, respetivamente. A Placa 4 mostra o afloramento de arenito - xisto (da Formação Awe) observado na área de Okpalaga.

3.2.3 O Grupo dos Arenitos - Formação Keana (Série C)

Este grupo é uma das unidades rochosas dominantes na área de estudo e aflora essencialmente numa extensão mais ou menos linear, quase paralela à direção axial do Anticlíneo de Keana. Toda a sequência é constituída por unidades maciças distintas de leitos de arenito, onde em alguns locais observados foram encontrados grandes rochedos. (Placa 5). A série C aqui descrita em torno da Ponte de Gizé, da cidade velha de Oze Awe, das áreas de Ribi e Rugwagu faz parte estratigraficamente da Formação de Keana e pensa-se que seja do Cenomaniano tardio ao Turoniano inicial (Offodile e Reyment, 1976).

Placa 4: Unidade arenito-xisto (Formação Awe) ao longo da estrada Keana-Awe

Placa 5: Pedregulhos de arenito endurecido (Formação Keana) ao longo do rio Okpalaga, Keana

Placa 6: Pesquisador (à direita) com colega de trabalho observando exposições de arenito - Formação Keana

Os leitos de arenito também se transformam rapidamente em horizontes arenosos no topo e, em alguns afloramentos, os seus limites com outras séries são marcados por uma base erosiva inicial seguida de um leito fino de grandes seixos de conglomerado. As sucessões são principalmente unidades cíclicas repetidas de leito de arenito, em que cada uma começa com horizontes inferiores de grão grosseiro a seixos, que se transformam em partes superiores arenosas. No espécime de mão, os horizontes inferiores são esbranquiçados com tonalidades arroxeadas, enquanto a parte superior é predominantemente de cor arroxeada.

Na área da ponte de Gizé, os arenitos foram vistos tipicamente maciços, fortemente acamados e com grãos finos a grosseiros, enquanto na área de Oze, os afloramentos eram maciços endurecidos e interessantemente acamados, como visto nas áreas da cidade velha de Awe e Keana (Placa 5). Nas zonas do rio Okpikpi, do rio Rugwagu, de Azara ocidental e da mina de salmoura de Awe, foram observadas unidades maciças, espessas e bem acamadas de leitos de arenito que mergulham cerca de 15° para nordeste. Toda a litologia é de grão muito grosseiro e frequentemente seixos. As estruturas sedimentares eram predominantemente de leito cruzado, as unidades superiores da série são caracterizadas por unidades de leito ainda mais reduzidas, mostrando um afinamento mais distinto para cima. O acamamento cruzado torna-se fracamente desenvolvido enquanto a laminação cruzada se torna mais proeminente.

3.2.4 Grupo dos Arenitos, Xistos e Lamitos - Formação Ezeaku (Série D)

Esta série consiste em unidades intercaladas de arenitos, xistos e lamas calcárias. A série foi vista a aflorar como parte de uma unidade extensa que se estende muito mais além da área do projeto. As secções expostas encontravam-se principalmente ao longo dos cortes de estrada de ambos os lados da estrada nacional B de Keana-Obi-Lafia; os afloramentos desta série ao longo de canais de cursos de água estavam mal preservados porque eram facilmente erodidos. A sequência também apresenta um padrão rítmico de sedimentação. As caraterísticas acima referidas observadas e descritas nas áreas em redor da Escola Federal para Raparigas em

Placa 7: Rochas de arenito-xisto intemperizadas (Formação Awe) ao longo do rio Asuku, Awe

Keana, e a estrada Keana - Obi, provavelmente descrevem a Formação Ezeaku ou a Série D. A Formação Ezeaku foi depositada no final do Cenomaniano. Os arenitos eram geralmente de grão médio a fino e carateristicamente branco-amarelados e micáceos. A espessura média era de cerca de 25 cm nos leitos de grão médio e de cerca de 10-12 cm nas unidades finas amareladas. São também muito friáveis.

As rochas lamacentas ocorreram como bandas finas entre as unidades de arenitos na parte inferior das secções e gradualmente espessadas para cima na sequência onde formaram unidades contínuas com vários metros de espessura. Eram calcários e continham fósseis principalmente de bivalves (Pelocypods) e gastrópodes em alguns horizontes. Na secção em torno do Federal Government College, Keana, no corte da estrada, a imagem desta série era mais clara. Havia fósseis abundantes nas unidades de rocha lamacenta. Os bivalves ocorriam em posições verticais, enquanto os gastrópodes estavam orientados paralelamente aos planos de assentamento. Não eram fragmentários, pois os bivalves ainda estavam articulados. Esta caraterística é indicativa de um provável ambiente marinho pouco profundo ou de água doce. Argilas e xistos entrelaçados que se tornam abruptamente mais grosseiros em unidades de arenitos espessos, alternando com rochas lodosas numa espécie de padrão rítmico, novamente finos e rápidos em sedimentos e argilas no topo (Placa 8).

3.2.5 O Grupo do Xisto - Formação Awgu (Série E)

Este grupo de rochas ocupa a parte noroeste da área de estudo em torno das zonas de Obi, Agwatashi e Ribi. É praticamente constituído por xistos negros de leito cinzento com intercalações ocasionais de arenitos de grão fino. Este grupo é limitado a leste pela série arenito-xisto-mudstone e a sul pelo grupo arenito. A Formação Awgu é caracterizada por xistos escuros ou negros semelhantes ao que é descrito nesta investigação como a Série E. Pensa-se que a Formação Awgu foi depositada durante o grau Coniaciano, de grão fino a médio e muito friável, com leitos ocasionais de calcários argilosos. As caraterísticas acima descritas descrevem a Formação Awgu depositada durante o Coniaciano. É provável que a série E descrita nesta pesquisa pertença à Formação Awgu. A Tabela 4 abaixo, apresenta um resumo da correlação da sucessão regional. Os detalhes das localizações, unidades litológicas e seus limites podem ser vistos no mapa geológico da área de estudo, (Figura 9).

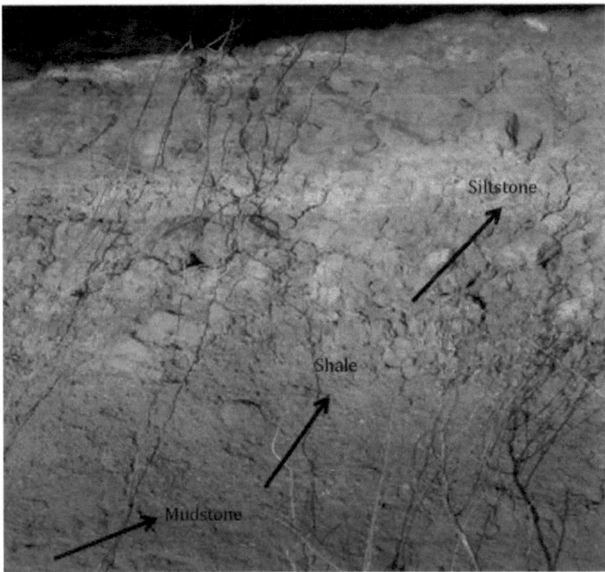

Placa 8: Série xisto-siltito-mudstone (Formação Ezeaku) em Aloshi

Placa 9: Camada espessa (5 m) de xisto (Formação Awgu) na estrada Agwatashi-Obi

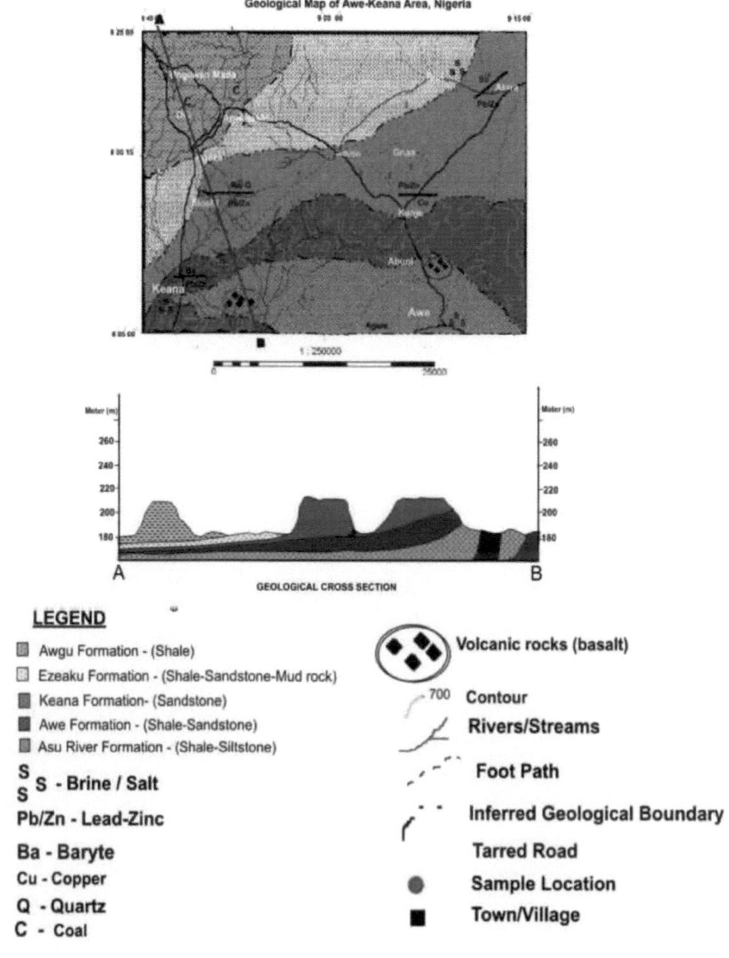

Figura 9: Mapa geológico da área de estudo

Tabela 2: Resumo de algumas das localizações observadas e das suas unidades rochosas caraterísticas.

Localidade	Amostra Localização	Descrição	Caraterísticas	Mineralização
Kwaghshir (Obi LG)	57	A 3 km de Obi- Awe rodoviário	Grandes afloramentos de xistos escuros, friável e fissível. Tinha veios de carvão visíveis em secções de poços	Carvão depósitos (sub-betuminosos)
Kanje Zona de Abuni	94	Estrada Abuni-Keana	Colina com rochas xisto-arenosas hospedeiras intrudidas por basaltos, ligeiramente vesiculares	Cobre
Aldeia de Abuni	95	A 11 km de Adudu- Estrada do pavor	Basaltos espalhados pela encosta que se estende por mais de 1 km	Cobre
Ponte de Gizé	18	2 km a oeste de Keana	Pedregulhos de arenitos maciços de cor acastanhada.	
OzeSal refinaria	17	2,5 km a oeste de Keana	Arenitos maciços de grão médio, com camadas cruzadas	Nascentes de salmoura
Alfaiate Gidan	22	4,5 km a noroeste de Keana	Rochas de arenito/xisto com sulfuretos vistos em verde azeitona e coloração azulada alertando para o arenito hospedeiro	Barita e chumbo-zinco
Ipole	19	1,5 km a sul de Keana	Rochas de arenito com alguns xistos	Salmouras
Akyana Gbogbo	13	1,2 km a leste de Keana	Como no pólo	Salmouras
Colégio do Governo Federal	26	2 km a norte de Keana, na estrada de Keana	Série de arenitos/calcários/lamas com bivavelas e gastrópodes fósseis	-
Cume de Aloshi	37	11 km a norte de Keana, ao longo da estrada Keana-Lafia	Quarzitos, xistos e pedras de argila com pequenos veios de quartzo, a coloração verde-oliva é notada no xisto/areia	Barita, Pb-Zn
Keana GRA	41	8 km a leste de Keana	Arenito moderadamente compactado e de cor verde azulada	-
Rio Okpalaga	44	Estrada Keana-Abuni	Camadas de xisto siltoso de cor escura com arenitos	-
Rio Asuku	101	Awe cidade velha	Leitos de arenito xisto dobrados	Cristalização do sal
Rafin Gishiri	100	Awe cidade velha	Nascente quente que brota de leitos de arenito	Nascentes salgadas até 50° c quente
GSS Awe	115	Estrada Awe-Kyekura	Rochas de xisto com minerais amarelados observados	Minerais de sulfureto

Poço 3	144 139	Mina de barita de Azara	Grande veio mineral largo que corre NE-SW	Barita primavera quente
Akiri		Lagoa salgada de Akiri	A fonte salina mais quente da área de estudo	até 61 c°

Quadro 3: Correlação da sucessão regional no vale médio do Benue

Série	Litologia	Idade Geológica	Formação sedimentar
E	Xistos	Coniaciano	Formação Awgu
D	S.st/ xistos/lamitos	Cenomaniano tardio	Formação Ezeaku
C	Arenitos	Do Turoniano inicial ao Cenomaniano tardio	Formação de Keana
B	Arenito/xisto	Albiano médio	Formação de espanto
A	Xistos/ siltitos	Albiano primitivo	Formação do rio Asu

(Após Offodile, 1976a)

3.3 MINERALIZAÇÃO NA CALHA MÉDIA DE BENUE

Foi feita uma tentativa de discutir e estabelecer as unidades rochosas e as diferentes mineralizações na área de estudo, com ênfase na influência destas mineralizações na química das salmouras.

3.3.1 Salmouras

Os arenitos de Keana e a série de arenitos/xistos de Awe apresentam condições favoráveis para a formação de salmouras. Em Oze, a sudoeste da área de estudo em torno de Keana, o sal é visto a cristalizar-se ao longo dos planos de assentamento dos arenitos e a migrar para cima. Na refinaria de sal de Akyana Gbogbo, a 1 km da cidade de Keana, as nascentes de sal saem das rochas de xisto arenítico em mais de cinco pontos diferentes e são recolhidas numa grande piscina ou lagoa de salmoura. Na cidade velha de Awe, o sal foi visto a cristalizar-se a montante (placa 15) na série arenito-xisto da formação de Awe, tal como em muitas das áreas de Keana e Akiri onde se encontra salmoura.) Como já foi referido, a deposição das salmouras está associada à transgressão marinha durante o Albiano-Aptain, época em que o afluxo de águas do mar (a principal fonte) se deslocou para as bacias costeiras do Benue "calha" para estas áreas. As nascentes de salmoura estão frequentemente associadas a fracturas e é provável que, em muitos outros casos, estas fracturas estejam marcadas por uma cobertura superficial. As nascentes de salmoura podem aparecer como seapages ao longo de planos de assentamento (como em Oze), particularmente em arenitos e xistos entrelaçados. A extração de sal utilizou os recursos de salmoura destas áreas durante mais de 700 anos e parecem ainda inesgotáveis.

3.3.2 Barita

A mineralização de baritina está alojada nas rochas campestres de arenitos, xistos e siltitos (da formação Ezeaku) descritas na área. O mineral foi encontrado predominantemente como veios que atravessam a série de arenitos na direção noroeste/sudeste. As baritas de Keana também preenchem uma zona de fratura marcada por cristas dominantes. No centro das cristas (como em Aloshi e Gidan Kpandev) encontram-se veios de barytes com 1-2 m de espessura, ladeados de ambos os lados da parede rochosa por uma zona silicificada e brechada (até 50 m de largura) composta por fragmentos de uma mistura de rochas campestres, variando de alguns milímetros a 5 cm de tamanho, numa matriz de siderite cristalina e ankerite. Os últimos veios de baritina/quartzo cortam acentuadamente tanto os fragmentos de brecha como a matriz. Na área mapeada, a barita foi encontrada predominantemente em torno de Kuduku, Bature, Kpandev, Tailor, Aloshi e algumas terras agrícolas (sudoeste da área de estudo), os depósitos eram relativamente muito puros, quase cristalinos e livres de impurezas. Offodile (1976a) analisou as concentrações de BaSO4 e deu concentrações entre 90 - 93% de BaSO4 (Tabela 3). Valores mais baixos foram obtidos em áreas onde há alta sílica, resultando na contaminação da rocha quartzítica do país. A placa 19 mostra veios de barita que foram extraídos nas áreas de Kuduku e Gidan Kpandev.

3.3.3 Chumbo - Zinco

A mineralização de chumbo-zinco ocorre e é explorada na área de Keana juntamente com a barita em veios que preenchem fracturas abertas na série arenito-xisto. Geralmente, a maioria dos depósitos de baritina tem uma associação subordinada de galena, marcassite (provavelmente secundária, após soluções e alteração de esfalerite), quartzo e baritina. No Kuduku, grande parte dos veios explorados eram galena. Outros minerais associados às unidades rochosas da área de estudo incluem matérias-primas a granel como agregados de pedra, cascalho, areia, argila e calcário que são utilizados para diversos fins de construção.

3.3.4 Estruturas

O anticlíneo de Keana é a principal caraterística estrutural e domina a geologia da área. É marcado por uma longa crista com tendência para sudoeste-nordeste a leste da cidade de Keana e pontuada por alguns tampões vulcânicos na área de estudo. Esta caraterística estrutural está marcada na parte extrema sudeste. A estrutura tem mais de 100 km de comprimento e estende-se para sul até Makurdi e mais para a zona de Zurak, onde foram cartografadas caraterísticas comparáveis (Offodile, 1976a).

As cordilheiras de Aloshi, Kuduku e Gidan Kpandev formam uma estrutura importante que alberga a mineralização de barita e chumbo-zinco, tal como o Anticlíneo de Keana alberga as salmouras. As forças de compressão responsáveis por estas estruturas geraram provavelmente o cisalhamento ou as falhas frequentemente encontradas na Formação de Keana. Foram identificados dois conjuntos de falhas/fracturas (Ford, 1980) e que parecem ter-se desenvolvido em dois conjuntos, na calha média de Benue. São eles:

a. Os associados à mineralização de siderite-esfalerite-galena.

b. Os preenchidos pela fase siliciosa da mineralização.

Ambas as fracturas parecem ter uma tendência numa direção semelhante e ocorrem em conjunto, mas diferem no tipo de mineralização. Os veios de barita da área de Keana parecem ter-se formado durante esta última fase. Este estudo também revelou que a fratura de Aloshi parece atravessar as formações de Keana e Agwu. Esta fratura foi marcada por silicificação e, no interior da Formação de Keana, havia ganga epigenética de enchimento de barita. Sallau (2002) associou ainda esta fratura à brecha e, nalguns locais, a um pequeno efeito de cozedura. As nascentes de salmoura estão frequentemente associadas a fracturas e é provável que, em muitos outros casos, essas fracturas sejam marcadas por uma cobertura superficial. A água salgada

Placa 10: O sal está a cristalizar nos leitos de arenito-xisto (Formação Awe) em Asuku, Awe

Placa 11: Um veio de baritina (8 m de largura e 11 m de profundidade) que foi explorado em Kuduku, perto de Keana

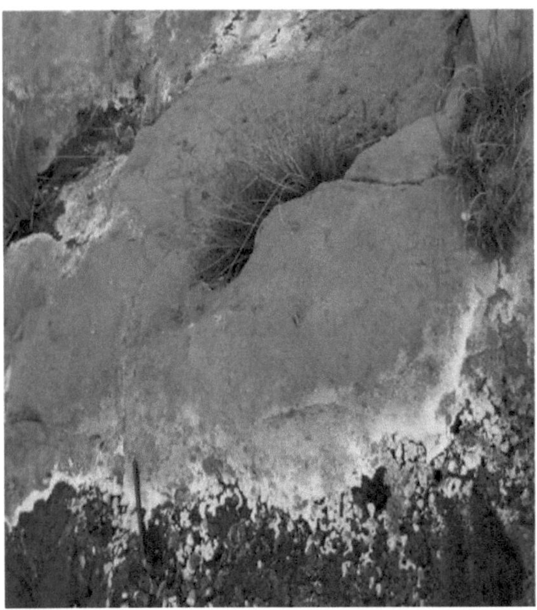

Placa 12: Cristal de sal num leito de xisto (parte da Formação Awe) na cidade de Akiri

As nascentes podem também aparecer como salitre ao longo dos planos de assentamento, particularmente nos arenitos e xistos intercalados ou cruzados, como se viu na refinaria de Oze. Neste caso, foi observada a cristalização de sal ao longo do plano de assentamento cruzado, mergulhando N14° W e atingindo 254°, a migração da cristalização de sal foi vista a subir. Outras estruturas de deposição sedimentar incluem marcas de ondulação e fissuras de lama.

3.4 MÉTODO GEOQUÍMICO UTILIZADO

3.4.1 Amostragem

É bem sabido que o êxito de qualquer estudo geoquímico requer uma técnica analítica sensível e económica para gerar dados fiáveis que permitam uma interpretação significativa. No entanto, devido a uma escolha errada e incorrecta das técnicas de campo e de laboratório geoquímico, alguns resultados analíticos estão errados e não produzem o objetivo desejado. Por conseguinte, foram tomadas em consideração todas as medidas necessárias ao longo de todo o processo de cumprimento dos requisitos de amostragem, procedimentos, recolha de amostras, preparação de amostras e análise laboratorial. Neste estudo, foram tomadas todas as medidas de precaução para evitar a contaminação das amostras no campo, no armazenamento, durante o transporte e no laboratório. A amostragem foi efectuada nos meses de janeiro a abril, correspondendo ao pico da estação seca, em que a concentração de elementos vestigiais nos meios solo/água se encontra nos seus níveis óptimos. (sem adição ou subtração da influência da água da chuva ou dos fertilizantes das explorações agrícolas, etc.).

Foi obtido um total de 203 (duzentas e três) amostras do campo na área de estudo, para análise a fim de determinar as suas concentrações de elementos vestigiais. As amostras foram obtidas dos seguintes meios: solo, água subterrânea (furos, poços escavados e água de nascente), água de superfície (água de lagoa, água de ribeira e água de nascente aberta), sedimentos (sedimentos de lagoa e de ribeira), bem como o concentrado de salmoura e o seu produto cristalizado, o sal.

A amostragem foi efectuada a partir das fontes de água existentes na altura do trabalho de campo. As rochas e as amostras de água, incluindo as nascentes, foram distribuídas aleatoriamente e recolhidas como tal dentro da área de estudo, mas foi empregue/adaptado um método de amostragem mais sistemático e radial para todas as amostras de solo, nas áreas de Awe, Azara, Keana e Obi. A densidade da amostragem (especialmente de amostras de solo) é mais elevada nas zonas de Awe e Keana devido ao interesse nos campos de salmoura. O método sistemático empregue para o solo visava obter tendências mais claras de distribuição de elementos vestigiais na área, especialmente à medida que esta irradia de áreas mineralizadas/minas (campos de salmoura em Awe e Keana, barita, Pb-Zn em Azara, Keana, bem como a jazida de carvão em Obi, áreas de Agwatashi). As amostras de solo foram recolhidas a uma profundidade de 0-15 cm numa grelha de 1 km^2, o que permitiu obter amostras representativas e homogeneizadas em cada uma das áreas. As amostras foram recolhidas com um trado manual de aço inoxidável e armazenadas em sacos de polietileno, sendo posteriormente secas ao ar. As amostras de solo secas ao ar foram posteriormente desagregadas num motar de porcelana e peneiradas através de uma peneira de polietileno <0,075mm para remover pedras, raízes, materiais grosseiros e outros detritos.

O resumo da descrição, agrupamento e localização de algumas das amostras selecionadas para a análise geoquímica é apresentado na Tabela 4.

3.4.2 Preparações de amostras

Tendo em conta a baixa concentração habitual de elementos vestigiais, especialmente na água, foram tomadas várias medidas para obter amostras de qualidade conservadas em recipientes esterilizados, a fim de evitar a mínima contaminação das amostras recolhidas. Para a recolha de todas as amostras de água e de outros líquidos, foi utilizado um recipiente de plástico de 250 ml com rolha interior e exterior. O recipiente de parede espessa e com tampa de rosca foi escolhido para evitar ou, pelo menos, minimizar grandemente a lixiviação de quaisquer contaminantes das paredes do recipiente para a solução.

Tabela 4: Resumo de todas as amostras de campo recolhidas para análise geoquímica.

	Tipo/Número de amostras							
Área	**Amostra Localizações**	**Pedra**	**Solo**	**Águas subterrâneas**	**Águas de superfície**	**Sedimentos**	**Outros**	**Total**
Pavor Salmoura Campo	-Amor -Kanje -Abuni	3	25	10	9	5	4	**56**
Azara Mina de baritina	-Azara -Akiri -Ribi	2	11	9	5	2	4	**33**
Keana Campo de salmoura	-Aloshi -Agaza -Keana	4	33	11	11	10	2	**71**
Campo de carvão de Obi	-Adudu -Agwtashi -Obi	2	13	15	8	3	2	**43**
TOTAL		**11**	**80**	**45**	**33**	**20**	**12**	**203**

Os pormenores das localizações das amostras podem ser consultados no Apêndice A (em anexo).

Para a recolha de amostras de solo e de sedimentos, foram utilizados envelopes de polietileno hermeticamente fechados, enquanto que para as amostras de rocha foram utilizados sacos de tecido grosso resistente à água. As amostras de solo, sedimentos e rochas foram acondicionadas em caixas de cartão de madeira para evitar que fossem embaladas de forma pouco firme, o que poderia provocar fugas e uma possível contaminação cruzada. Para garantir a qualidade das amostras, todos os recipientes de água e envelopes de solo foram embrulhados com folha de Teflon esterilizada (película fina) imediatamente após a recolha das amostras (placa abaixo);

Um resumo passo a passo do processo de amostragem inclui:

i. Foram obtidas amostras de campo de diferentes meios. Amostras de água de poços, furos, lagoas, nascentes e riachos. Solos, sedimentos de ribeiras, cristais de sal e a própria salmoura.

ii. As amostras de água foram acidificadas com HNO3 e HCl depois de o pH ter sido determinada, para manter os iões em solução.

iii. Foram tomadas todas as medidas de precaução para proteger as amostras de contaminação durante a recolha, transporte, armazenamento e no laboratório.

iv. As amostras foram recolhidas durante os meses de fevereiro a abril de 2012, que foi o pico da estação seca na área de estudo, tendo sido recolhidas mais de 200 amostras diferentes.

v. As amostras de campo foram analisadas no Laboratório de Geoquímica do Departamento de Geologia e Minas da Universidade de Jos, utilizando a Espectrometria de Emissão Ótica com Plasma Indutivamente Acoplado (ICP-OES), modelo Optima 2000DV Perkielner.

Placa 13: O investigador a recolher amostras em Demakaa, Keana

Placa 14: Investigador a etiquetar amostras de solo recolhidas na zona de Adudu, Obi.

Placa 15: Esterilização dos frascos de amostras de água antes da recolha de amostras no terreno

As garrafas foram primeiro lavadas com uma mistura de ácido (1% HNO3) e água destilada. Posteriormente, as garrafas foram mergulhadas durante a noite em 75% de água destilada e 1% de HNO3. O objetivo era ajudar a eliminar completamente todos os possíveis contaminantes no interior das garrafas. Por fim, as garrafas foram lavadas com água destilada e mantidas a secar (durante duas horas) numa estufa a 25° C. Um passo importante foi o embrulho imediato das garrafas com película fina esterilizada, com a parte superior da garrafa dobrada sobre um material rígido não contaminante preso à extremidade torcida. Com estes procedimentos, as garrafas ficaram protegidas e prontas para a recolha de amostras.

Em cada momento e local de recolha de uma amostra (salmoura, água de ribeira, água de lagoa ou água subterrânea), esta foi acidificada com HCI, de modo a evitar a absorção e precipitação dos oligoelementos em solução. Isto mantém os iões em solução. Depois de as amostras de água terem sido recolhidas no local, a película fina antiga que envolvia as garrafas foi removida e foram utilizadas novas películas para voltar a envolver as garrafas. Todas as amostras recolhidas foram etiquetadas de acordo com o local, a natureza e o tipo de amostra, a data de recolha, a descrição e o número da amostra, para maior comodidade e facilidade de referência. As amostras recolhidas foram transportadas e colocadas em refrigeração para serem enviadas para o laboratório para análise.

3.4.3 Requisitos analíticos

Existem diferentes métodos e equipamentos para a determinação geoquímica de elementos, quer se trate de elementos maiores, menores ou vestigiais, mas a seleção de um método adequado (neste caso para os elementos vestigiais) é o primeiro passo para obter um resultado fiável num projeto de prospeção geoquímica. Isto deve-se ao facto de os vários métodos diferirem em termos de sensibilidade, especificidade, precisão, exatidão, facilidade de operação, rapidez e custo (Garba, 2000; Sallau, 2002 Unpublished). Foi tendo em conta estes factores que uma das técnicas modernas, a espetrometria de emissão ótica com plasma indutivamente acoplado (ICP-OES), foi o método analítico escolhido para este estudo. De facto, esta técnica difere, entre outras coisas, no método de dissolução de amostras sólidas com etapas como a trituração, a pulverização e a dissolução. A escolha de uma técnica é largamente determinada pelo objetivo para o qual os dados são necessários e, em certa medida, pela natureza da amostra, pela forma como foi recolhida e pela disponibilidade do método analítico escolhido. O metal ou elemento que está a ser analisado e a matriz em que ocorre também ajudam a determinar a técnica analítica a utilizar. Foram obtidas amostras representativas de grandes massas de água, incluindo lagoas mineiras muito profundas. Foram tomadas precauções para evitar a contaminação das amostras e foi também assegurada uma boa calendarização da recolha das amostras. Foram escolhidos os meses de janeiro, fevereiro e março porque, durante este período, todas as massas de água estão confinadas a um determinado ambiente. Durante a estação das chuvas, há normalmente muito transbordo e escoamento superficial, misturando várias massas de água. A este respeito, pode ser difícil obter uma amostra representativa da água de um lago ou de um poço, in situ.

Os elementos vestigiais (Ca, As, Cd, Co, Cr, Cu, Fe, Mg, Mn, Mo, Ni, Pb, I, Sb, Se, Sr, Ti, V, Ba, K, Na, La, Zn, P, S e SC) foram analisados em todas as diferentes amostras recolhidas (água, solo, rocha e sedimentos). A Espectrometria de Emissão Ótica com Plasma Indutivamente Acoplado (ICP-OES), devido à sua elevada sensibilidade, foi utilizada como técnica analítica para a análise das mais de 200 amostras. O ICP-OES tem a capacidade de analisar simultaneamente até 70 elementos da tabela periódica com limites de deteção muito baixos.

3.4.4 Técnica Analítica

O interesse pela ICP-OES deriva não só da elevada sensibilidade das fontes da técnica, mas também da crescente perceção das vantagens de quantificar eficazmente vários elementos em solução para uma variedade de amostras e também do facto de serem esperadas várias fontes de interferência devido à natureza complexa e variada dos materiais geológicos. A técnica ICP-OES requer energia suficiente para que a chama excite a emissão dos espectros atómicos, que é caraterística do elemento cuja intensidade não é apenas uma função da concentração atómica na chama, mas também da temperatura da chama.

Na ICP-OES, uma amostra em solução (as amostras sólidas são digeridas em líquidos) é introduzida num plasma de árgon de 8000K. O plasma evapora o solvente, vaporiza e atomiza a amostra e excita termicamente os electrões de valência dos elementos presentes na amostra. Os electrões excitados emitem radiação electromagnética com comprimentos de onda caraterísticos. As intensidades destes comprimentos de onda são lidas e convertidas numa concentração elementar por comparação com padrões de concentração. A técnica é rápida e precisa. Para a análise das amostras foi utilizado o modelo Optima 2000DV Perkielner do ICP-OES.

Placa 16: Pré-condicionamento dos frascos de amostras com ácido (HCl) para remover todos os possíveis contaminantes

Placa 17: Pesquisador medindo o pH de amostras de água no campo (a medição foi feita na piscina de água)

3.5 DESAFIOS NO TERRENO

Não há cartografia de campo desta natureza sem problemas. Um dos principais problemas foi a falta de mapas geológicos da folha 231 de Lafia e da folha 232 de Akiri, e os esforços para os obter de gabinetes, ministérios e universidades relevantes revelaram-se inúteis, a única opção foi utilizar mapas topográficos das duas folhas 231 SE e 232 SW à escala de 1:50.000. A vegetação muito densa tornou a acessibilidade e a exposição dos afloramentos um problema durante o trabalho de campo.

O aluguer de veículos com tração às quatro rodas e o custo exorbitante do combustível constituíram um grande desafio. Havia também o problema do alojamento indecente nas zonas rurais. No entanto, os habitantes locais dos campos de exploração de sal foram muito hospitaleiros e forneceram informações e guias úteis que ajudaram o exercício de campo. Além disso, a obtenção de amostras de água em profundidade em massas de água muito grandes, incluindo lagos profundos de mineração, bem como a escavação a profundidades adequadas para obter as muitas amostras de solo, foram uma parte difícil do exercício de campo. Além disso, os problemas de segurança (confrontos entre comunidades) nas áreas obrigaram o investigador e os seus assistentes de campo a contratar "guardas do mato" para aceder a algumas áreas para recolher amostras, com custos associados.

CAPÍTULO 4

RESULTADOS

4.1 RESULTADOS ANALÍTICOS E INTERPRETAÇÃO

Vinte e seis (26) oligoelementos foram determinados nas 203 amostras recolhidas em 176 locais da área de estudo (principalmente; Awe, Azara, Keana e Obi) e estes incluem: Ca, As, Cd, Co, Cr, Cu, Fe, Mg, Mn, Mo, Ni, Pb, I, Sb, Se, Sr, Ti, V, Ba, K, Na, La, Zn, P, S e SC.

As amostras incluem 80 amostras de solo, 45 amostras de águas subterrâneas (furos e poços escavados), 33 amostras de águas superficiais (lagoa e riacho), 20 amostras de sedimentos (lagoa, riacho e nascente), 11 amostras de rocha e 12 outras que incluem amostras de salmoura de Awe, Keana e Akiri, cristais de sal processados e amostras das nascentes quentes/quentes de Awe e Akiri. O quadro 2 apresenta um resumo das diferentes amostras recolhidas, enquanto o mapa da figura 10 mostra a distribuição espacial de todas as amostras recolhidas na zona de estudo.

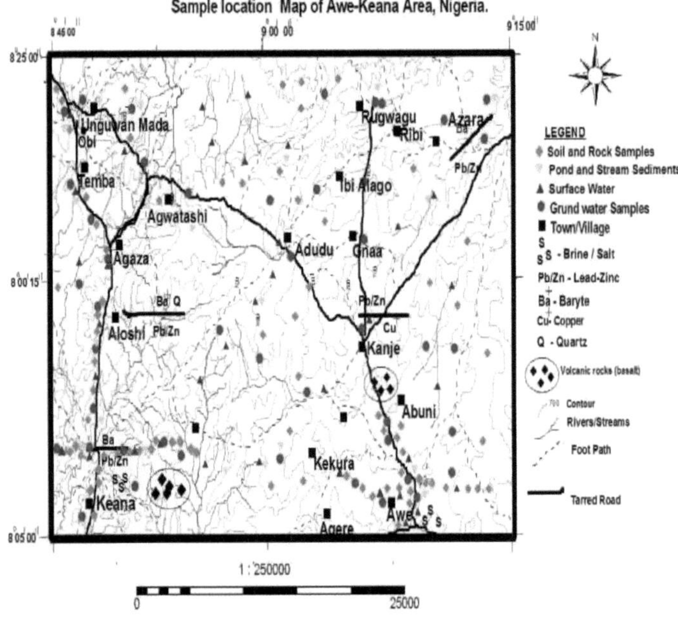

Figura 10: Distribuição espacial das amostras recolhidas na área de estudo

4.1.1 Caraterísticas gerais e tendências

Os pormenores dos resultados analíticos são apresentados no Apêndice A. De acordo com os objectivos do estudo, foi feito um esforço para discutir alguns dos elementos, sabendo que é um pouco complicado discutir todos os 26 oligoelementos analisados, dando a dinâmica de cada um dos elementos. No entanto, a discussão detalhada foi direcionada para alguns dos oligoelementos que são considerados micronutrientes benéficos conhecidos pelo homem e que estão a ser amplamente discutidos, para os oligoelementos considerados tóxicos, nocivos e prejudiciais para a saúde humana e animal. Alguns dos oligoelementos aqui discutidos incluem: iodo (I), selénio (Se), molibdénio (Mo) e zinco (Zn), arsénio (As), cádmio (Cd) e chumbo (Pb), crómio (Cr), níquel e bário (Ba). As concentrações médias destes elementos nos diferentes meios de amostragem estão resumidas nas Tabelas 6, 7, 8 e 9 abaixo.

4.1.2 Solos e sedimentos

As concentrações de elementos (como o Zn, Cr, Ni I, As, Pb, etc.) nas amostras de sedimentos e de solo são geralmente mais elevadas do que nas amostras de água. Com exceção do molibdénio e do cádmio, praticamente todos os oligoelementos examinados ocorrem no solo da zona de estudo.

Zinco

O zinco apresentou níveis de concentração muito elevados em todas as amostras de solo da área de estudo do que qualquer um dos metais pesados, com uma concentração superior a 1000 mg/kg em todas as áreas (Keana, Azara e Awe), exceto em Obi, onde a concentração foi menor (Quadro 6). Os sedimentos dos cursos de água apresentaram a concentração mais elevada de Zn, com uma tendência crescente de Este-Oeste da área de estudo; 382 mg/kg, 1082,9 mg/kg, 1157 mg/kg e 3427,91 mg/kg em Awe, Obi, Azara e Keana, respetivamente, nos sedimentos dos cursos de água (Quadro 7). Do mesmo modo, a concentração nos sedimentos dos lagos foi significativamente elevada, de 1593mg/kg a 1637mg/kg em Keana e Awe, respetivamente (Figura 14).

A elevada concentração de Zn de 3427 mg/kg nos sedimentos (Quadro 7) e de 1218,96 mg/kg no solo da área de Keana (Quadro 6) pode ser atribuída à elevada intensidade de mineralização na área de Keana em particular, bem como à mineralização generalizada de Pb-Zn que caracteriza toda a área de estudo. Em comparação, os níveis de Zn em Keana e Azara eram mais elevados do que em Awe e Obi (Figura 15), pelas mesmas razões já referidas. **Iodo**

O iodo ocorreu geralmente abaixo do limite de deteção em >70% das amostras de solo e manteve esta tendência na maioria das áreas. No entanto, foram registados valores muito elevados de iodo em alguns locais em torno de terras cultivadas onde talvez tenham sido utilizados fertilizantes com iodo. Por exemplo, foram registados valores médios de 1136,40mg/kg e 1802,57 mg/kg no solo e nos sedimentos do ribeiro, respetivamente, na zona de Keana. (Quadros 6 e 7). O teor de iodo era muito baixo ou nulo no solo recolhido na zona de Obi-Agwatashi, onde existiam depósitos de carvão e a matéria orgânica húmica era elevada, bem como em todas as amostras de solo a nordeste de Awe até à zona de Jangerigeri. Além disso, o elemento não foi detectado em sedimentos de ribeiras (Azara), água de lagoas de Awe e sedimentos de ribeiras em Keana, incluindo as zonas íngremes e montanhosas de Kanje e Abuni. De facto, as amostras de sal NaCl e mesmo as salmouras recolhidas na zona de Awe não tinham iodo. O iodo nos sedimentos dos cursos de água, na mesma zona, também diminuiu da zona de Keana (998,2 mg/kg) para a zona de Adudu (76,9 mg/kg) na direção N-S. Embora os níveis de iodo nos solos da zona de Obi fossem inferiores aos de Keana, não eram significativamente diferentes em termos de intervalo.

Crómio

O crómio apresentou níveis de concentração elevados nos solos da área de Obi (754 mg/kg), Keana (400,67 mg/l), com Awe e Azara a manterem um intervalo de concentração inferior de 74,03mg/kg e 72,28mg/kg, respetivamente (Quadro 6). O bário (Ba) mantém geralmente uma gama de concentrações de 100-250 mg/kg (Figuras 11 - 13) nos solos, ligeiramente superior ao teor de fundo (100mg/kg) e aos solos de todo o mundo.

Arsénio e chumbo

Os dois elementos ocorreram consistentemente em concentrações moderadas a elevadas tanto nos sedimentos como no solo de todas as zonas, tendo o Pb concentrações médias crescentes de 44,48 mg/kg, 44,19 mg/kg, 50,24 mg/kg e 51,25 mg/kg, respetivamente (Quadro 6 e Figura 21) nos solos das zonas de Azara, Awe, Keana e Obi, com concentrações ainda mais elevadas nos sedimentos dos cursos de água das mesmas zonas. No solo, a concentração de arsénio varia de local para local dentro de um intervalo estreito de 11,53 mg/kg em Obi, 43,54 mg/kg em Keana, 49,20 mg/kg em Azara e até 54,52 mg/kg em Awe (Quadro 6). Esta tendência crescente de concentração de Obi para Azara é consistente e atribuível às intensidades crescentes das mineralizações de Pb-Zn e barite com tendência NE-SW que caracterizam a área de estudo. No entanto, os sedimentos da lagoa tinham uma concentração muito mais elevada de 85,45 mg/kg em Awe e 110,88 mg/kg em Keana, apresentando uma das concentrações mais elevadas de arsénio na área de estudo.

Os sedimentos dos cursos de água concentram arsénio muito elevado em alguns locais; em Apurugh em Obi-135 mg/kg e no rio Asuku em Awe-194,30 mg/kg. A concentração mais elevada de As nas zonas de Awe/Azara, em comparação com as zonas de Keana/Obi, pode ser atribuída à intensidade geralmente mais elevada da mineralização de chumbo-zinco no eixo Awe-Azara e às actividades de meteorização associadas (como a extração mineira, a desnudação, etc.), bem como ao baixo pH/Eh da água (em Keana e Obi), que tende a tornar o As mais móvel, tendo as águas de Azara e Awe valores de pH ligeiramente mais elevados.

Registou-se uma ampla gama de concentrações de Pb nas amostras de solo e de sedimentos. As concentrações mais elevadas de Pb registaram-se nos sedimentos dos cursos de água, com um aumento progressivo de 73,90 mg/kg na zona de Awe, 81,76 mg/kg na zona de Azara e 105,38 mg/kg na zona de Keana (quadro 7). Os solos apresentaram níveis de concentração de Pb de 44,19mg/kg, 44,84mg/kg, 50,24 mg/kg e 51,25 mg/kg nas zonas de Awe, Azara, Keana e Obi, respetivamente (Quadro 6). Os sedimentos dos lagos, por outro lado, apresentaram concentrações mais baixas de Pb, de 20,77 mg/kg e 29,71 mg/kg. Uma comparação das concentrações de Pb nos cristais de sal transformados e não transformados de Awe mostrou uma diferença insignificante na concentração de 25,9 mg/kg e 24,48 mg/kg, respetivamente. O teor natural de Pb nos solos provém das rochas-mãe e da mineralização de Pb-Zn. A sua abundância nos sedimentos é função do teor da fração argilosa, pelo que os sedimentos argilosos contêm mais Pb do que as areias, os arenitos e os calcários. O valor médio global de Pb para diferentes solos nos EUA e na Índia foi calculado como sendo, em média, de 25 mg/kg (Kabata-Pendias e Pendias 2001). Angelone e Bini (1992) citaram a concentração de Pb em solos não poluídos como sendo inferior a 100 mg /kg. O chumbo não se distribui uniformemente nos horizontes do solo e revela uma grande associação com hidróxidos, especialmente de Fe e Mn. As suas concentrações em nódulos e concreções de Fe-Mn podem ser muito elevadas, até 20000 mg/kg (Kabata-Pendias e Sadurski, 2004).

O chumbo é geralmente acumulado perto da superfície do solo, principalmente devido à sua sorção pela matéria orgânica do solo (SOM). A mobilização do Pb é normalmente lenta, mas alguns parâmetros do solo, como o aumento da acidez e a formação de complexos orgânicos de Pb, podem aumentar a sua solubilidade. O chumbo dessorvido para a solução do solo pode deslocar-se facilmente dos horizontes superiores para os inferiores, causando a poluição das águas subterrâneas (Alumaa, Kirso, Petersell e Steinnes, 2002). Alguns autores salientaram que a fixação de Pb pelo SOM é mais importante do que a fixação por óxidos hidratados (Li e Shuman, 1996). Nas zonas mineiras, o Pb pode ser disperso devido à erosão e à meteorização química dos rejeitos. A gravidade destes processos depende das caraterísticas químicas e dos minerais presentes nos rejeitos (Da Silva, 2004).

A química do Pb em sistemas aquosos é altamente complexa porque este elemento existe em múltiplas formas. As concentrações de Pb nas águas superficiais dependem especialmente do pH e dos teores de sais dissolvidos na água (Kabata-Pendias e Pendias, 2001). Outros factores, tais como fontes de poluição, teor de Pb nos sedimentos, temperatura e tipos e quantidades de matéria orgânica têm também um impacto significativo no estado do Pb nas águas. Nas águas marinhas, o Pb ocorre principalmente nas formas de PbCO3 e PbCl2. Nas águas superficiais e subterrâneas, as suas espécies são: Pb^{2+} , $PbOH^{+}$, $PbHCO3^{+}$, e PbSO4 0 (Witczak e Adamczyk, 1995). Na maioria dos ambientes aquáticos, constitui uma das espécies menos móveis, que acabará por precipitar nos sedimentos do fundo. As águas de superfície são geralmente neutras ou alcalinas, o que faz com que o Pb esteja associado a formas menos móveis (Laxen e Harrison, 1983).

Níquel

Este elemento ocorreu numa concentração elevada (527,87 mg/kg) apenas nos solos da zona de Obi, com uma concentração muito baixa (< 40 mg/kg) em Awe e Azara. A concentração de Ni em Keana é de 226,19mg/kg. O cobalto e o cobre (Cu) apresentavam concentrações baixas tanto nas amostras de solo como nas de sedimentos. As concentrações em Obi e Keana eram muito superiores ao teor normal de fundo e às registadas em todo o mundo.

Molibdénio

O Mo estava presente em muito poucas (25 de 109) amostras de sedimentos e de solo e manteve uma gama de concentração baixa e estreita de 1,52 mg/kg em Awe e 1,61mg/kg em Keana, para o solo, e de

0,82 mg/kg em Keana, até 5,87mg/kg em Obi, para sedimentos de ribeiras, com ausência completa nas amostras da área de Azara para o mesmo tipo de amostra (Quadro 7). O Mo não foi detectado na maioria das amostras de rocha recolhidas, bem como nas amostras de sedimentos e solos de Obi e Azara (quadros 6 e 7). Relativamente aos solos, foi calculada uma média global de 1,8 mg/kg de Mo, mas a sua concentração nos solos varia entre 0,82 mg/kg e mais de 5,87 mg/kg (Kadunas et al. 1999). Esta gama de concentrações globais de Mo é coerente com os valores obtidos nas zonas de estudo, que variam entre 1,47 mg/l e 10,26 mg/kg (Quadro 9). A presença de Mo em quantidades apreciáveis no solo e nos sedimentos deve-se à sua capacidade de formar oxianiões e à sua elevada afinidade com o enxofre e elementos afins em condições redutoras (Fang e huang, 2003). Co-precipita facilmente na presença de matéria orgânica e CaCO3, juntamente com Fe e Mn e outros catiões como Cu, Zn e Pb. Nos solos, o Mo é suscetível de formar vários compostos e/ou minerais, como o PbMO4 (wulfenite), podendo também formar facilmente tiomolibdatos solúveis em condições redutoras, sendo todos eles altamente dependentes das condições de Eh-pH prevalecentes. O nível de fundo calculado de Mo nas águas subterrâneas é de 0,005 mg/l, enquanto a concentração limite recomendada para irrigação é de 0,01 mg/l (Vermes, 1989) e o limite admissível da OMS na água potável é de 0,07 mg/l (OMS, 2004). O cádmio e o selénio apresentaram a concentração mais baixa nos meios sólidos das amostras.

4.1.3 Águas subterrâneas e superficiais

Iodo

Nas águas subterrâneas, o iodo apresentou a concentração mais elevada de todos os oligoelementos, com 21,34 mg/l na zona de Keana, seguido de uma concentração de 18,80 mg/l na zona de Obi, tendo Azara e Awe a concentração mais baixa de 5,60 mg/l e 1,52 mg/l, respetivamente, nas amostras de águas subterrâneas (furo) (Quadro 8). As amostras de águas superficiais têm concentrações de iodo inferiores às das águas subterrâneas e variam entre 4,60 mg/l em Keana e 6,52 na zona de Obi (Quadro 9).

Arsénio

O arsénio apresentou uma concentração média de 0,13 mg/l na água dos furos de Keana e

Azara, com uma concentração mais elevada de 0,15 mg/l em Awe. Obi tem a concentração mais baixa de As, de 0,09 mg/l (Quadro 8 e também figura 21). A concentração mais elevada de As, de 0,39 mg/l, foi registada em torno de Odobu, na zona de Obi. A água dos ribeiros e dos lagos apresentou uma concentração média de 0,10 mg/l em Obi e Keana, com uma média mais baixa de 0,08 mg/l na água de nascente da zona de Keana. Observou-se um aumento da concentração de As na água de furos e poços escavados de 0,14 mg/l a 0,18 mg/l em Awe e Obi para 0,23 mg/l em Keana (quadro 9). Verificou-se um aumento notável da concentração de arsénio com a profundidade, com uma concentração geralmente maior de As em Keana em todas as amostras de água, em comparação com outras áreas. A manutenção de uma concentração de >0,1 mg/l nas amostras de água subterrânea e superficial em Awe e Azara não é alheia à intensidade da mineralização de Pb/Zn nessas áreas, bem como à intensidade dos processos de meteorização. Esta concentração é quase dez vezes superior ao limite permitido pela OMS e pela

SON de 0,01 mg/l.

A partir das tendências, as águas superficiais apresentam valores de concentração de 0,17 mg/l em Azara e 0,10 mg/l em Keana. A concentração de Azara foi a concentração mais elevada de arsénio nas águas superficiais (Figura 20). O nível de concentração de As aumentou de 0,19 mg/l na área de Obi para 0,23 mg/l em Keana para a água de furos. Na água de poços escavados, a concentração de As aumentou de 0,09 mg/l na zona de Obi, 0,13 mg/l nas zonas de Keana e Azara para 0,15 mg/l na zona de Awe (Quadro 8). Em geral, foram registadas concentrações elevadas de arsénio nas águas subterrâneas, devido à meteorização e às nascentes termais (Mandal et al, 1996). O pH baixo e o Eh reduzido aumentam a mobilidade do arsénio, ao passo que, em condições de forte redução, a formação de minerais de sulfureto controla a concentração de arsénio (Bissen e Frimmel, 2003).

Selénio

A concentração de selénio na área de estudo, tal como na maioria dos ambientes geológicos, é variável, dependendo do meio de amostragem. Praticamente todas as diferentes amostras de água (obtidas de furos, poços escavados, lagoas, riachos, nascentes e concentrado ou solução de salmoura) têm selénio em concentrações variáveis. O elemento apresentou valores médios de selénio de 0,07 mg/l em Keana, 0,06 mg/l no furo de Obi e 0,03 mg/l nas áreas de Azara, mostrando uma ordem decrescente de Keana para Azara, numa tendência SW-NE. A concentração em função da profundidade mostra que é mais elevada nos poços escavados (mais profundos do que os furos), como se observa em Obi (0,08 mg/l) e em Keana (0,12 mg/l). O aumento progressivo da concentração observado na área de Keana, à medida que a profundidade aumentava, mostrava 0,033 mg/l na água do tanque (da superfície até cerca de 1 m de profundidade), 0,053 mg/l no furo (que tem 32 m de profundidade) e 0,12 mg/l no poço escavado (que tem 71 m de profundidade). Embora se tenha observado um ligeiro aumento da concentração com a profundidade, houve uma diferença insignificante nas concentrações de selénio nas águas superficiais (lagoas e ribeiros) em Awe, que se mantiveram entre 0,03 mg/l e 0,05 mg/l. Esta tendência de concentrações manteve-se de forma semelhante na zona de Azara, com uma média de 0,01 mg/l - 0,03 mg/l para as amostras de água.

Outra tendência visível foi também observada no aumento da concentração de selénio do extremo norte da área de estudo, em torno de Azara, até ao extremo sul (figura 24). A concentração na água do tanque em Azara é 0,083 mg/l mais elevada do que em Obi 0,016 mg/l, Awe (0,045 mg/l) e Keana (0,033 mg/l). Isto deve-se ao facto de o Se estar frequentemente associado a minerais de sulfureto como a calcopirite, a esfalerite e a galena (Kataba-Pendias, 1998) e ser facilmente acumulado em xistos betuminosos (Plant, Kinniburg, Smedley, Fodyce e Klinck 2004) como os encontrados na área de Obi do que em arenitos encontrados em Keana.

Chumbo

Os valores do chumbo na água do ribeiro apresentaram uma concentração de Pb de 0,12 mg/l nas áreas de Keana e Awe (Quadro 9), sendo esta a concentração mais elevada de Pb nas águas da área de estudo.

O elemento apresentou uma concentração média de 0,02 mg/l nas águas subterrâneas de Awe e Azara, enquanto Keana e Obi apresentaram 0,01 mg/l e 0,001 mg/l, respetivamente (Quadro 8). As localizações com as concentrações mais elevadas de Pb foram observadas em Gidan Tiza em Obi (0,088 mgl/l) e Azara (0,032 mg/l). De facto, todas as amostras da zona de Azara se situavam entre 0,023 mg/l e 0,038 mg/l, o que representa um aumento progressivo das águas subterrâneas para as águas superficiais. Os valores de Keana mantiveram uma concentração de 0,012 mg/l tanto nos poços escavados como nos furos, enquanto Awe e Azara mantiveram uma concentração de 0,022 mg/l apenas nos poços escavados (Quadro 8). A concentração de Pb na água do tanque em Azara (0,034 mg/l) é mais elevada do que a concentração em Obi (0,021 mg/l), Keana (0,013 mg/l) e Awe (0,013 mg/l), como se pode ver no quadro 9. A elevada concentração de Pb nas áreas de Awe e Azara não é alheia à intensidade da mineralização de Pb/Zn que ocorre na área, bem como às actividades de extração e processamento de minerais anteriormente referidas.

Numa área mineralizada com Pb, a concentração de Pb pode ser dez vezes superior à de uma área não mineralizada. Perto de fontes pontuais, é de esperar uma concentração elevada de Pb na água do rio. A água do rio Ogunpa poluído (Nigéria), por exemplo, continha Pb a 9,8 $\mu g\ l^{-1}$, numa gama de 1,3-46 $\mu g\ l^{-1}$ (Monbesshora, Osibanio e Ajayi 1983).

Molibdénio

O Mo estava presente em praticamente todas as amostras de água, com concentrações que variavam entre 0,01 mg/l e 0,02 mg/l nas águas subterrâneas (furos e poços escavados) e uma concentração geralmente consistente de 0,01 mg/l em todas as águas superficiais (águas de lagos e ribeiros). Verificou-se uma concentração ligeiramente decrescente de 0,01 mg/l em todas as amostras de águas superficiais (águas de lagos e ribeiras), exceto na zona de Keana, onde a concentração de Mo atingiu 0,007 mg/l (Quadro 9). Este facto sugere um aumento da concentração com a profundidade, desde a superfície até às águas subterrâneas. As zonas de Awe e Keana têm ambas uma concentração de Mo de 0,01 mg/l nos furos, enquanto as zonas de Azara e Obi têm ambas uma concentração de Mo de 0,02 mg/l nos poços escavados (Quadro 8). Com exceção da concentração de 0,07 mg/l de Mo na água do ribeiro da zona de Keana, o molibdénio manteve uma concentração mais ou menos de fundo de 0,01 mg/l na maioria dos locais amostrados.

Cádmio

As concentrações de Cd nas águas da zona de estudo situavam-se geralmente entre 0,001 mg/l e 0,004 mg/l. Tanto a água dos furos como a dos poços escavados mantiveram uma concentração de 0,001 mg/l em Keana, 0,02 mg/l nas zonas de Awe e Obi, mas com exceção da zona de Azara, que tinha uma concentração de Cd de 0,004 mg/l, representando a mais elevada da zona de estudo. Nas águas de superfície, a concentração de Cd nas águas dos lagos aumenta progressivamente de 0,001 mg/l, 0,002 mg/l e 0,003 mg/l em Obi, Keana e Azara/Awe, respetivamente, numa tendência SW-NE (Quadro 9), enquanto as águas de nascente e de ribeira mantêm uma concentração de Cd de 0,001 mg/l.

Zinco

O zinco não foi detectado na água dos furos, dos poços escavados e das lagoas de Awe, Keana e Obi, exceto em muito poucos locais. A sua concentração era muito baixa (nas poucas amostras em que ocorreu), com uma concentração média de 0,007 mg/l na água do ribeiro em redor da área de Abuni e algumas concentrações muito elevadas na água do furo de Utsehe (23,17 mg/l) e Imon (13,91 mg/l) em redor da área de Adudu em Obi. Esta concentração é 5 a 7 vezes superior à concentração permitida pela OMS na água potável e de irrigação. É importante referir aqui que o Zn tem geralmente uma concentração muito baixa em águas naturais e é muito solúvel, contribuindo assim para a sua depleção fácil na água, juntamente com as intensas actividades de meteorização que caracterizam a área de estudo. A elevada concentração de Zn nas amostras sólidas também pode ser atribuída à mineralização de Pb-Zn em grande escala na área.

4.1.4 Salmoura e cristais de sal

Os cristais de sal (NaCl) da salmoura processada e não processada apresentaram concentrações mais elevadas de oligoelementos do que as concentrações registadas para o filtrado da salmoura e para a salmoura das nascentes quentes em Awe e Akiri, na área de Azara. Os níveis de zinco nos cristais de sal apresentavam concentrações muito elevadas de 1665 mg/kg e 1125 mg/kg, respetivamente para cristais transformados e não transformados. O arsénio e o estrôncio têm níveis de concentração mais elevados, com o Sr a ter 414 mg/kg e 172 mg/kg no cristal de sal transformado e não transformado, respetivamente. A concentração de arsénio também se situa na ordem dos 182 mg/kg e 103,5 mg/kg para os cristais transformados e não transformados. A elevada concentração neste meio deveu-se ao facto de os cristais serem um filtrado direto de materiais de solo e argila (com elevado teor de As) do campo de salmoura.

A concentração de bário nos cristais de sal não transformados (91,38 mg/kg) foi quatro vezes superior à dos cristais de sal transformados (20,83 mg/kg), indicando a perda do elemento durante a transformação, enquanto o selénio (Se) e o chumbo (Pb) mantiveram uma gama mais ou menos estreita de concentração nos cristais; 57 mg/kg e 64 mg/kg para o selénio e 24 mg/kg e 25 mg/kg para o chumbo. As concentrações médias de Mo, Cu, Cr, Co e Ni são de 13,97 mg/kg, 5,75 mg/kg, 4,55 mg/kg, 1,85 mg/kg e 1,45 mg/kg, respetivamente, por ordem decrescente, tendo o escândio e o iodo as concentrações mais baixas de 0,02 mg/kg e <DL (não detetável), respetivamente, nos cristais de sal. Mais uma vez, a ausência de iodo nos cristais de sal estará relacionada com a aplicação ou utilização de materiais argilosos durante o processo rudimentar de peneiração da produção de sal. A argila é bem conhecida pela sua caraterística de fixação de iodo e, por conseguinte, é provável que retenha todo o iodo na mistura solo/argila, tornando-o indisponível nos cristais de sal. Com exceção do cobre e do iodo na zona de Akiri (com concentrações elevadas de 23,43 mg/kg e 6,43 mg/kg, respetivamente), as amostras das nascentes de salmoura quente das zonas de Awe e Akiri apresentaram uma gama baixa e estreita de concentrações de oligoelementos. O arsénio tinha uma concentração média mais elevada de 0,16 mg/l e 0,04 mg/l em Awe e Akiri, respetivamente. As salmouras de Awe apresentaram uma concentração elevada de Se de 0,05 mg/l e uma concentração média moderada de Pb e Mo de 0,007 mg/l. O cádmio

e o cobalto têm ambos uma concentração média de 0,002 mg/l, enquanto o Ni, Sr, Zn e Sc têm concentrações abaixo do limite de deteção. É importante referir aqui que, ao contrário dos cristais de sal, o iodo estava presente nas **amostras de** salmoura quente da cidade velha de Awe (6,43 mg/l) e de Akiri (2,77 mg/l).

4.1.5 Resumo

Um resumo das tendências de concentração dos oligoelementos na área de estudo mostrou que, no solo, o zinco estava mais concentrado do que todos os outros oligoelementos em Obi, Awe, Azara e Keana, numa ordem crescente de concentração (Quadro 6). A concentração de Zn no eixo Awe/Azara/Keana não era inesperada, devido à extensa mineralização de chumbo-zinco e baritina que se encontrava disseminada nas zonas, associada à meteorização e a outras condições físico-químicas prevalecentes. O níquel apresentou uma concentração nitidamente elevada na área de Obi, com o elemento a ocorrer em concentrações muito baixas nas outras áreas (Awe, Azara e Keana). Esta concentração excecionalmente elevada foi também apresentada pelo crómio na zona de Obi. A concentração de estrôncio foi mais elevada no eixo de Awe-Azara do que nas áreas de Keana e Obi, enquanto Pb, As, Cu e Sc ocorrem quase igualmente em todas as áreas em concentrações mais ou menos médias a muito baixas. Os sedimentos dos cursos de água na área de estudo, especialmente na área de Keana, tinham uma concentração de Zn mais elevada do que a observada nos solos de todas as áreas. A concentração de Zn nos sedimentos dos cursos de água diminui à medida que nos afastamos das áreas afectadas pela mineralização de Pb-Zn (Azara, Awe e Keana) em direção a Obi, onde não existem tais depósitos. O bário, o arsénio e o chumbo apresentaram uma tendência semelhante. O bário foi mais elevado na área de Azara e diminuiu em direção a Awe e Keana, a sudoeste da área de estudo, enquanto o chumbo diminuiu para norte, em direção a Obi. Tanto as águas superficiais como as subterrâneas da zona de estudo apresentavam concentrações de arsénio e chumbo mais elevadas na zona de Azara do que em Keana e Awe, sendo a zona de Obi a que apresentava menos concentrações. As concentrações de selénio, por outro lado, eram mais elevadas nas zonas de Keana/Obi do que nas zonas de Azara e Awe. O molibdénio nas águas subterrâneas era mais elevado em Keana e diminuía à medida que nos deslocávamos para Azara, Awe e Obi.

Nas amostras de solo, quatro dos oligoelementos (Cd, Mo, Sb, Se) estavam ausentes (>75%), estando o iodo também ausente em >70% das amostras. Enquanto as amostras de sedimentos de lagoas apresentavam uma gama apreciável mas variável de concentração dos oligoelementos (exceto Cd), os sedimentos de ribeiras não continham vestígios (abaixo do limite de deteção) de Cd, Mo e Se. Do mesmo modo, as amostras de rocha estavam empobrecidas em Mo, Sb, Se, I e V. Outras incluem a salmoura, os cristais de sal, a água de nascente quente/quente de Awe e Akiri e as amostras de carvão de Obi. As amostras de filtrado de salmoura obtidas de Awe e Akiri apresentavam todas deficiências de Co, Cr, Cu, Mn, Sb, Sr, Se, Ti, V, I e Sc. Esta deficiência também foi observada nos cristais de sal processados e não processados da mesma área. O Ti e o V tornaram-se consistentemente deficientes em amostras como a água recolhida nas minas de barita de Azara.

O comportamento consistente exibido por estes elementos (Co, Cu, Cr, Ti, V, Zn, Cd, etc.) é caraterístico das suas propriedades físico-químicas que definem os elementos de transição. Estes metais de transição são constituintes comuns de rochas ígneas, metamórficas e sedimentares (Carroll, 1970). Apresentam valências variáveis nas reacções químicas, formando assim diferentes compostos de coordenação química com eles próprios e com outros elementos afiliados. Diferentes compostos químicos dos mesmos elementos podem apresentar comportamentos químicos diferentes no mesmo ambiente geoquímico. Por conseguinte, os metais de transição encontram-se nos sedimentos quer como componentes iniciais quer como precipitados da solução (Eichenberger e Chen, 1992).

De acordo com Kabata-Pendias e Sadurski, 2004, são utilizados dois parâmetros-chave; as gamas de Concentrações Máximas Admissíveis (MAC) e o Valor de Ação de Desencadeamento (TAV) para metais vestigiais nos solos para determinar a gravidade das concentrações. Assim, olhando para a concentração média no solo da área de estudo, o Zn, por exemplo, tinha excedido o MAC (de 100-300) em todos, mas não o TAV que é 200-1500 (todos os valores estão em mg/kg). No entanto, nos sedimentos, o Zn tinha excedido o TAV na zona de Keana, com um valor de 3427 mg/kg. Todas as outras localizações estavam dentro dos limites permitidos (Quadros 6 e 7). O arsénio excedeu o seu valor MAC de 15-20 e também o TAV de 10-65, uma vez que todas as áreas se situavam na gama de 11-54 no solo, e também excedeu o MAC e o TAV nos sedimentos, exceto em Azara, onde se encontrava abaixo do limite de deteção. Os pormenores do estado das concentrações podem ser vistos no quadro abaixo.

Quadro 5: Resumo das tendências de concentração de elementos vestigiais

Decreasing Concentration →

SOIL:											
Awe:	Zn	>	Ba	>	Sr	>	Cr	>	As	>	Pb
Azara:	Zn	>	Ba	>	Sr	>	Cr	>	Pb	>	As
Obi:	Zn/Cr	>	Ni	>	Ba	>	Sr	>	Pb	>	Cu
Keana:	Zn	>	Ni	>	Cr	>	Sr	>	Pb/As	>	As

Zn: Keana → Azara → Awe → Obi

As: Awe → Azara → Keana → Obi

Pb: Azara → Awe → Keana → Obi (almost equally in all places)

Co: Keana → Azara → Awe → Obi (almost equally in all places)

Cr: Exceptionally high in Obi → Keana → Awe/Azara

Cu: Azara → Awe → Keana → Obi (almost equally in all places)

Ba: Azara → Awe → Keana → Obi

Ni: Exceptionally high in Obi → Keana → Normal in Awe/Azara

Sr: Azara → Awe → Obi → Keana

STREAM SEDIMENTS

As: Obi → Awe → Keana

Pb: Keana → Azara → Awe → Obi

Zn: Keana → Azara → Awe → Obi

Ba: Azara → Awe → Keana → Obi

WATER:

Surface Water

As: Azara → Awe → Obi → Keana

Se: Keana → Obi → Awe → Azara

Pb: Azara → Obi → Awe/Keana

Mo: Azara/Keana → Obi → Awe

Groundwater

As: Azara → Awe → Keana → Obi

Se: Keana → Obi → Awe → Azara

Pb: Azara/Awe → Keana → Obi

Mo: Azara/Keana → Awe → Obi

Tabela 6: Concentração média (mg kg^{-1}) de elementos no solo

ELEMENTO	OBI	KEANA	AWE	AZARA	S.D
I	511	1136.40	562.71	952.44	303.25
Se	<DL	2.4	1.7	<DL	0.35
Mo	<DL	1.61	1.52	<DL	0.06
Zn	751.21	1218.96	1013.87	1046.54	193.19
Como	11.53	43.54	54.52	49.20	19.31
Cd	<DL	<DL	<DL	<DL	0.00
Pb	51.25	50.24	44.19	44.84	3.63

DL= Limite de deteção; S.D = Desvio padrão

Tabela 7: Concentração média (mg kg^{-1}) de elementos nos sedimentos

ELEMENTO	OBI	KEANA	AWE	AZARA	S.D
I	38.49	1802.57	332.73	<DL	77.1
Se	<DL	5.78	<DL	<DL	0.00
Mo	5.87	0.82	1.36	<DL	2.26

Zn	1082.9	3427	382	1157	114.6
Como	67.90	33.95	64.77	<DL	15.32
Cd	<DL	<DL	<DL	<DL	0.00
Pb	44.67	105.38	73.89	81.76	21.69

DL= Limite de deteção; S.D = Desvio padrão

Quadro 7b: Intervalos de concentrações máximas admissíveis (MAC) e valores de desencadeamento da ação (TAV) para metais vestigiais no solo (mg kg^{-1}).

Metal	MAC[a]	TAVb
Como	15 - 20	10 - 65
Ba	-	400 - 600
Cd	1- 5	2- 10
Co	20 - 50	30 - 100
Cr	50 - 200	50 - 450
Cu	60 - 150	60 - 500
Mo	4 - 10	5- 20
Ni	20 - 60	75 - 150
Pb	20 - 300	50 - 300
Se	-	3- 10
Zn	100 - 300	200 - 1500

[a] Valores compilados e reportados segundo Kabata-Pendias e Sadurski, 2004.

[b] Valores registados em alguns países europeus, a partir de vários relatórios e documentos.

Tabela 8: Concentração média (mg/l) de elementos na água subterrânea: Furo e Poço Escavado (valores do poço escavado entre parêntesis)

ELEMENTO	OBI		KEANA		AWE	AZARA
I	14.91	(18.80)	11.10	(21.34)	1.52	5.60
Se	0.06	(0.08)	0.07	(0.12)	0.04	0.03
Mo	0.04	(0.02)	0.01	(0.02)	0.02	0.01
Zn	<DL	(<DL)	28.88	(<DL)	5.31	<DL
Como	0.09	(0.19)	0.13	(0.23)	0.15	0.13

Cd	<DL	(0.002)	0.001	(0.001)	0.002	0.004
Pb	0.001	(0.022)	0.012	(0.012)	0.022	0.022

DL= Limite de deteção

Tabela 9: Concentração média (mg/l) de elementos nas águas de superfície: Lago e ribeira (valores da água da ribeira entre parêntesis)

ELEMENTO	OBI	KEANA		AWE		AZARA	SD
I	6.52	4.60	(<DL)	<DL	(8.29)	17.86	6.57
Se	0.05	0.03	(0.05)	0.03	(0.05)	0.01	0.01
Mo	0.01	0.01	(0.007)	0.01	(0.01)	0.01	0.00
Zn	<DL	<DL	(0.004)	<DL	(<DL)	<DL	0.00
Como	0.12	0.10	(0.10)	0.14	(0.13)	0.16	0.02
Cd	0.001	0.002	(0.001)	0.003	(0.001)	0.003	0.00
Pb	0.021	0.013	(00.3)	0.014	(0.012)	0.034	0.01

DL= Limite de deteção; S.D = Desvio padrão

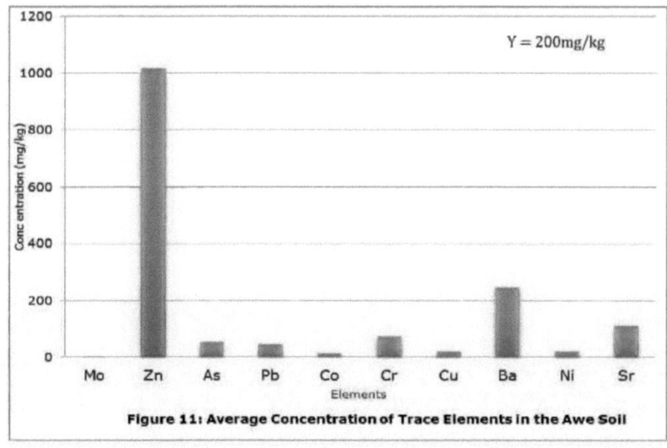

Figure 11: Average Concentration of Trace Elements in the Awe Soil

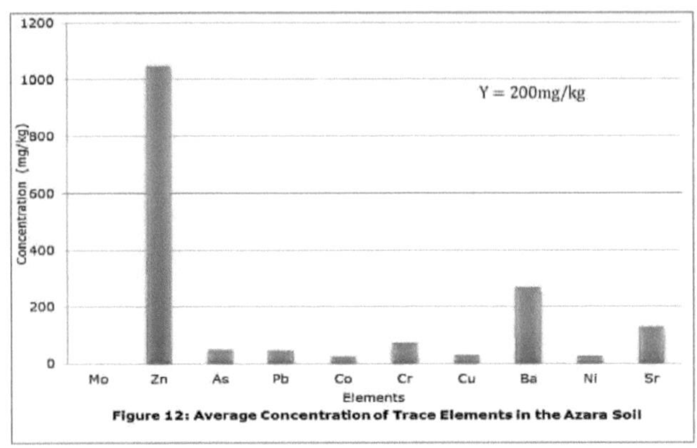

Figure 12: Average Concentration of Trace Elements in the Azara Soil

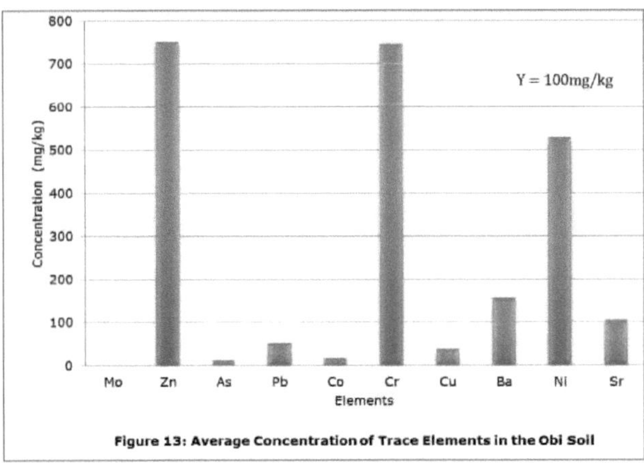

Figure 13: Average Concentration of Trace Elements in the Obi Soil

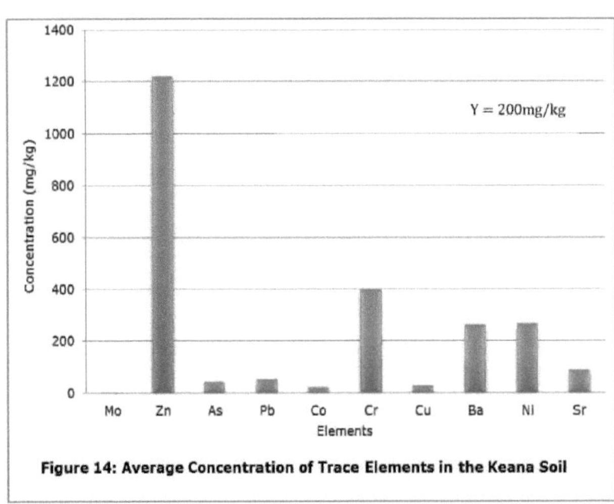

Figure 14: Average Concentration of Trace Elements in the Keana Soil

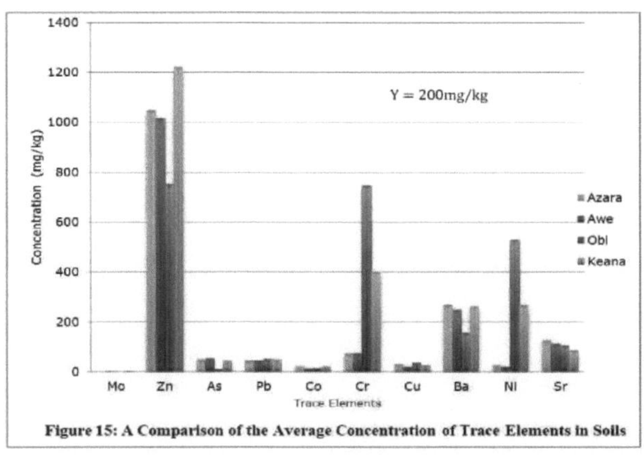

Figure 15: A Comparison of the Average Concentration of Trace Elements in Soils

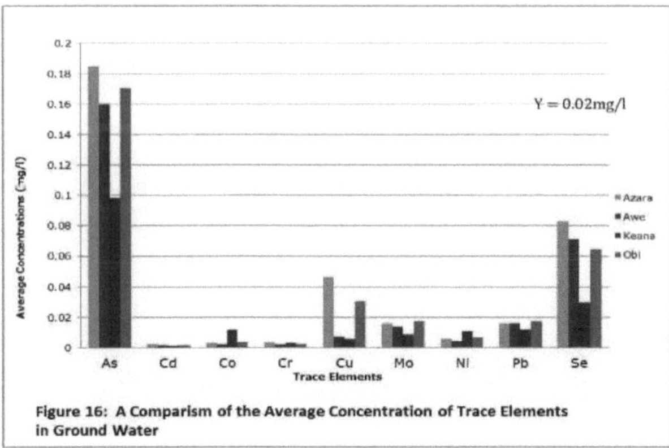

Figure 16: A Comparism of the Average Concentration of Trace Elements in Ground Water

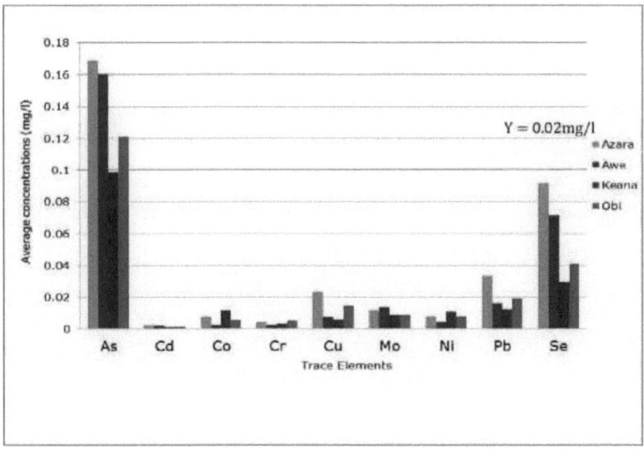

Figura 17: Concentração média de elementos vestigiais na água de superfície

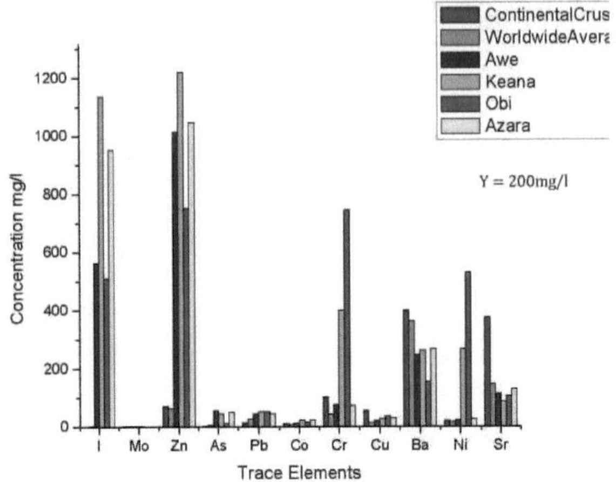

Figura 18: Comparação das concentrações do solo na zona com as normas mundiais (EUA, Japão)

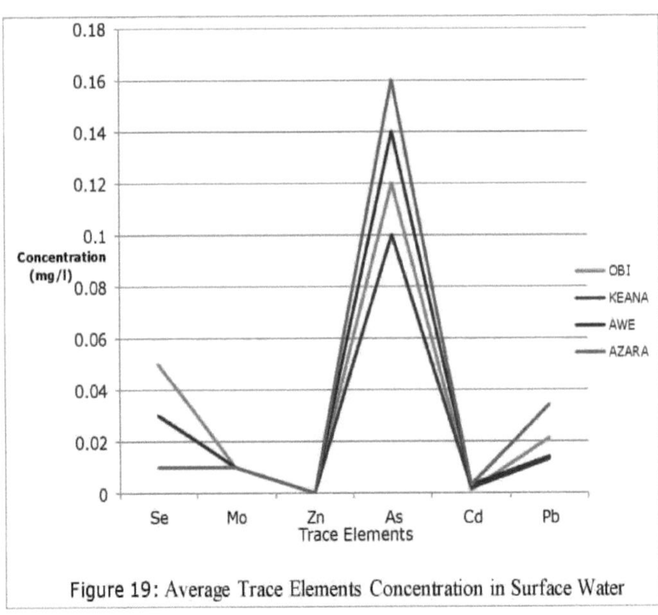

Figure 19: Average Trace Elements Concentration in Surface Water

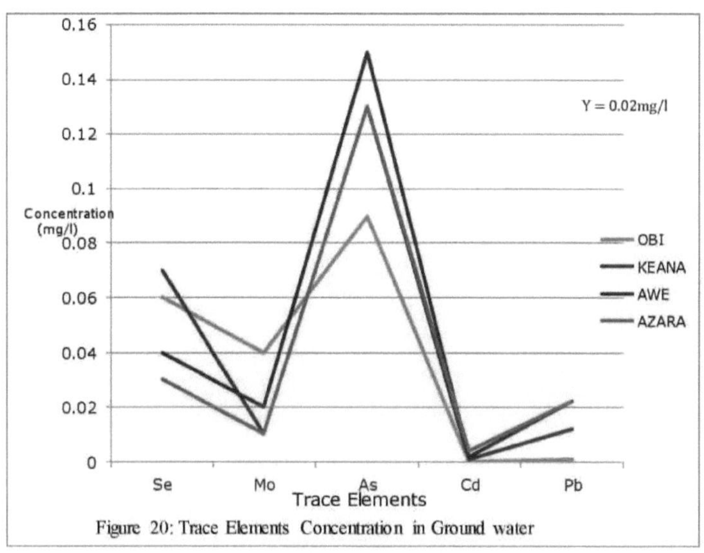

Figure 20: Trace Elements Concentration in Ground water

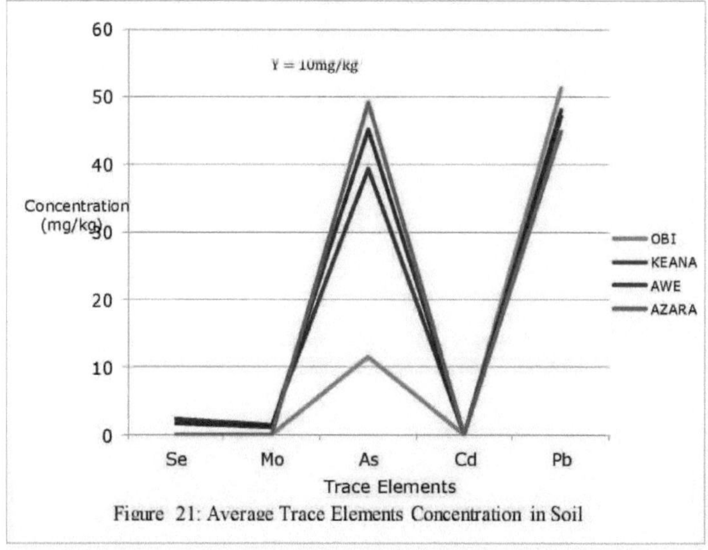

Figure 21: Average Trace Elements Concentration in Soil

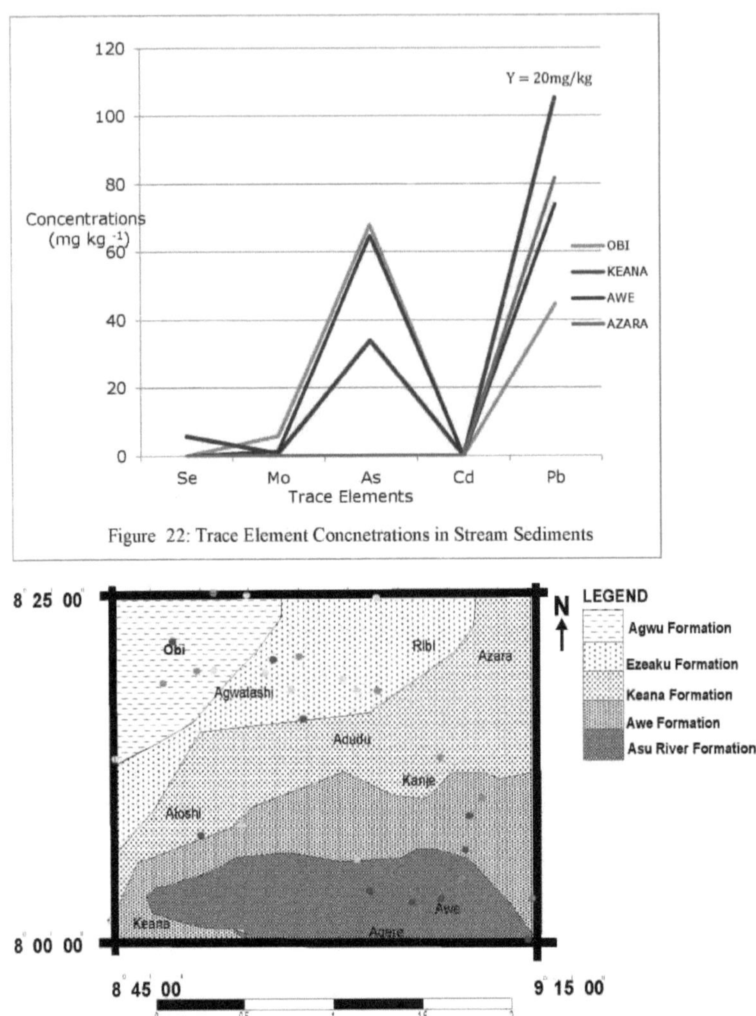

Figure 22: Trace Element Concnetrations in Stream Sediments

Figura 23: Concentração de selénio (mg/l) nas águas subterrâneas

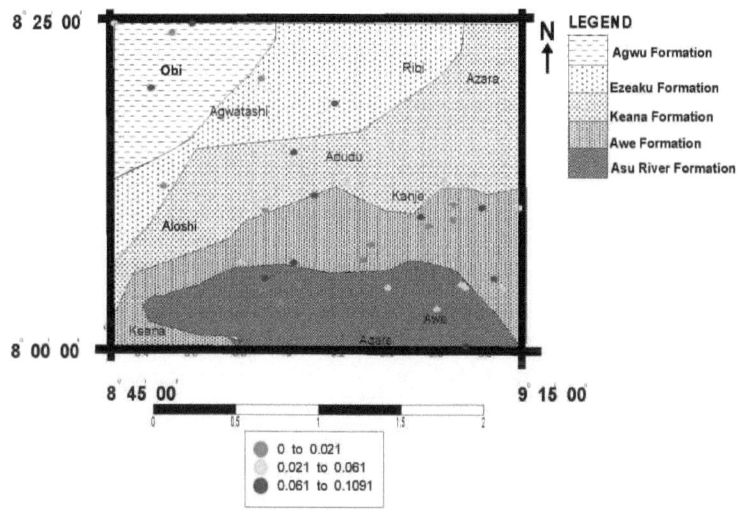

Figure 24: **Concentração de selénio em (mg/l) Águas de superfície**

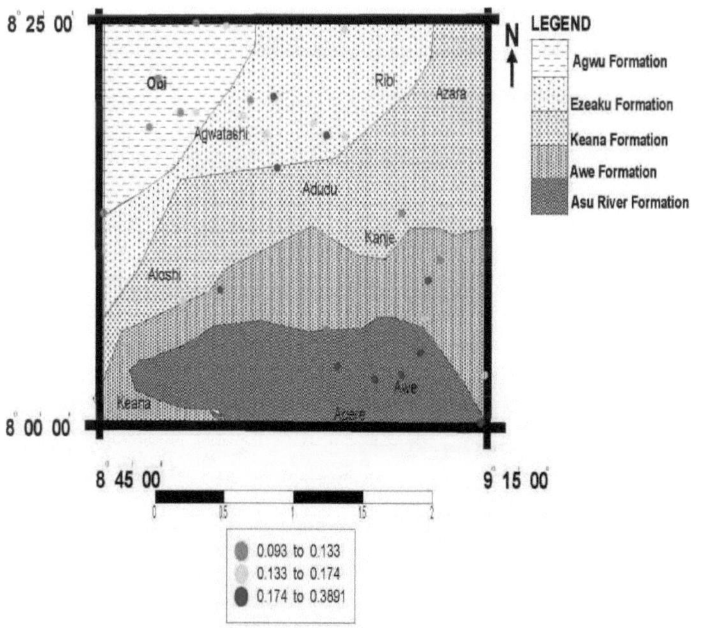

Figure 25: **Concentração de arsénio (mg/l) nas águas subterrâneas**

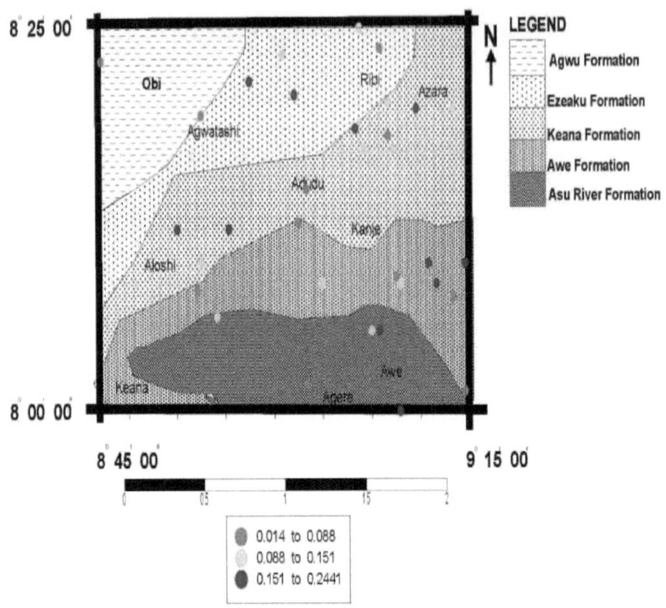

Figure 26: **Concentração de arsénio (mg/l) nas águas de superfície**

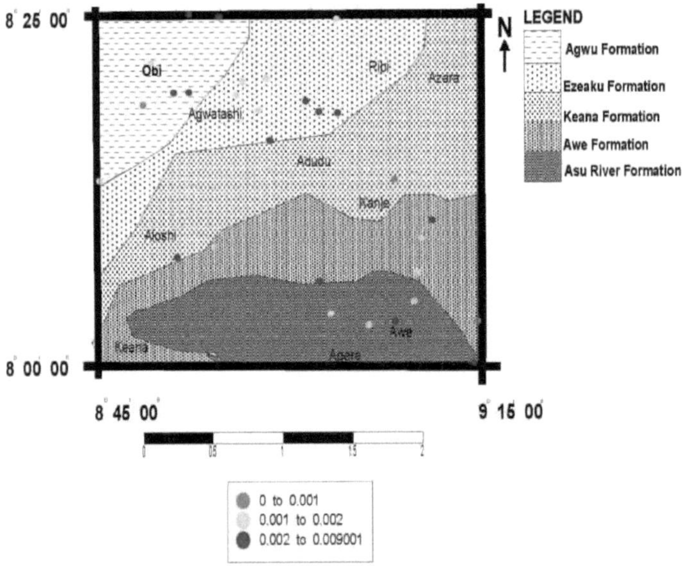

Figura 27: Concentração de cádmio (mg/l) nas águas subterrâneas

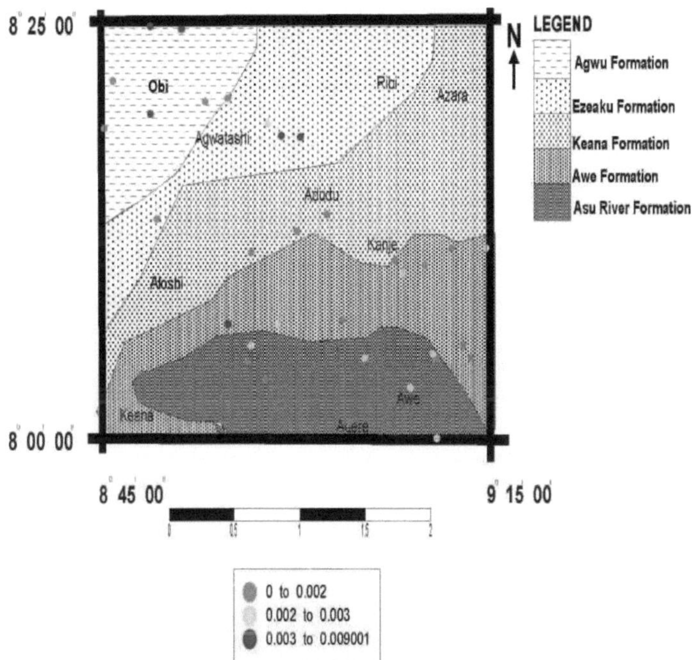

Figure 28: **Cádmio Concentração em (mg/l) Águas de superfície**

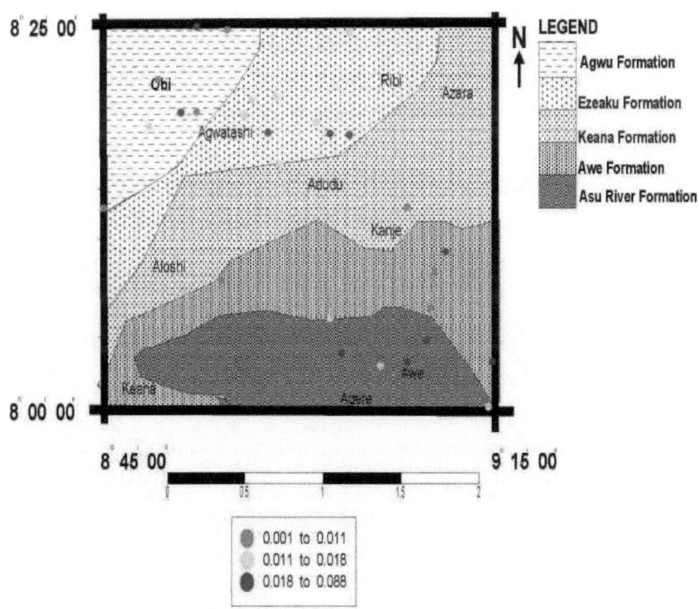

Figure 29: **Concentração de chumbo (mg/l) nas águas subterrâneas**

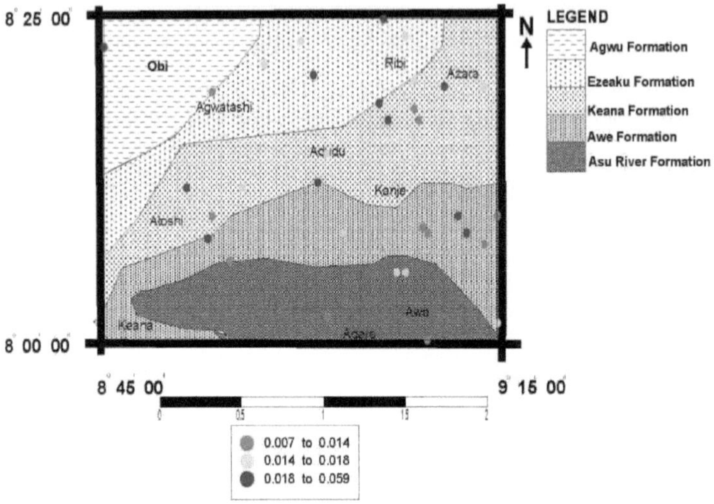

Figure 30: **Concentração de chumbo (mg/l) nas águas de superfície**

4.1.6 Tendências de distribuição espacial utilizando o Surfer[R]

A técnica Surfer é utilizada para fornecer perfis espaciais de elementos vestigiais em água, solo e sedimentos, com o único objetivo de mostrar tendências crescentes ou decrescentes de concentração de elementos vestigiais e possíveis explicações atribuíveis a essas tendências espaciais. A distribuição espacial do chumbo (figuras 31 e 32) foi generalizada em toda a área de estudo, mas mais elevada nas áreas afectadas pela mineralização de Pb-Zn em Azara, Awe e Keana, por esta ordem decrescente. Tanto as águas superficiais como as subterrâneas pareciam ter um teor de Pb muito elevado em torno do eixo de Azara, sendo o mais baixo na zona de Obi, não caracterizada pelo efeito dos depósitos de Pb-Zn. O chumbo nas águas subterrâneas da zona de Obi-Keana (figura 32) mostrou que os níveis de chumbo na zona eram relativamente baixos, mas aumentaram ligeiramente em direção a Agwatashi e Adudu, no canto nordeste-sudoeste da zona.

A tendência da concentração de arsénio (figuras 33 e 34) foi consistente com todos os índices determinados neste estudo, uma vez que tende a ser mais elevada em torno da área de Azara e a diminuir em direção a Awe e Keana, tanto nas águas superficiais como nas subterrâneas. Foi observada uma mudança brusca de cor ao longo da zona de Agwatashi-Adudu para o arsénio. Tanto as águas superficiais como as subterrâneas mostraram intensidades muito baixas na zona de Obi para o selénio, enquanto as águas subterrâneas mostraram uma tendência de aumento na zona de Keana e Awe (figuras 35 e 36). As águas superficiais apresentaram uma intensidade crescente de selénio na zona de Awe-Azara. Por outro lado, o cádmio (figura 37) parece aumentar em direção a Obi, a partir das zonas de Keana e Adudu. O cádmio está associado a colóides e tende a concentrar-se mais na presença de argila e de partículas em suspensão, de matéria orgânica do solo e de hidróxidos de Fe e Mn, o que poderá ser a razão da sua maior presença na zona de Obi. De acordo com a Agência dos Estados Unidos para o Registo de Substâncias Tóxicas e Doenças, o As, o Pb, o Hg e o Cd estão no topo da lista prioritária de substâncias perigosas (ATSDR, 1999). O cádmio é um metal tóxico comum associado à esfalerite e a outros minerais de sulfureto (Ogola, 1988). A sua associação a colóides e materiais argilosos pode ser a razão da elevada intensidade espacial ao longo das zonas de Azara e Obi, tanto para as águas superficiais como para as águas subterrâneas. A ocorrência de Cd nas zonas de Awe e Keana foi menor, tanto nas águas de superfície como nas águas subterrâneas (figuras 37 e 38). A concentração de iodo foi muito baixa nas águas subterrâneas em torno da zona de Obi e arredores, mas aumentou em direção à zona de Keana e também aumentou mais para nordeste. O aumento foi observado à medida que se afastava da formação Awgu, mais xistosa, para a formação Keana, mais arenosa.

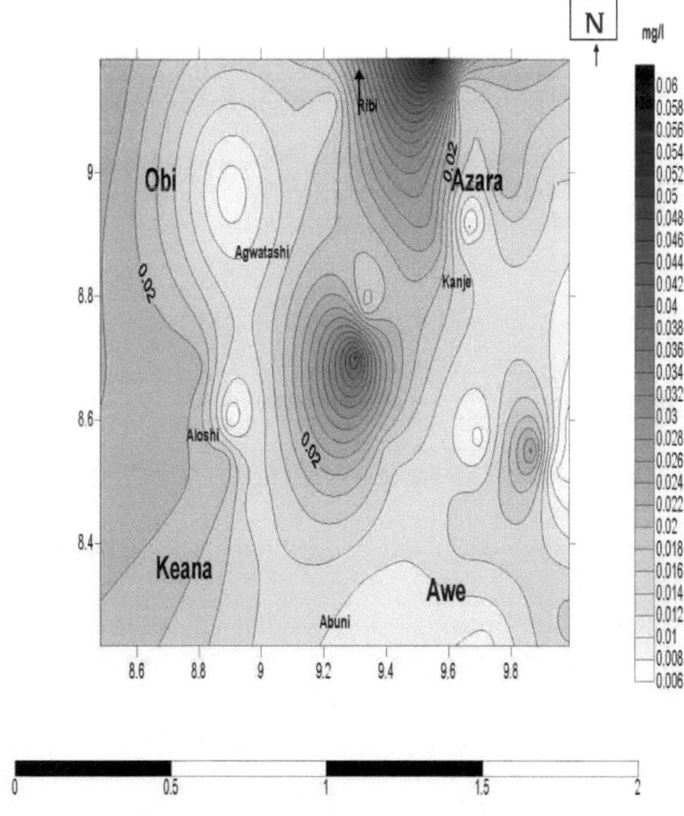

Figure 31: **Concentração de chumbo nas águas de superfície**

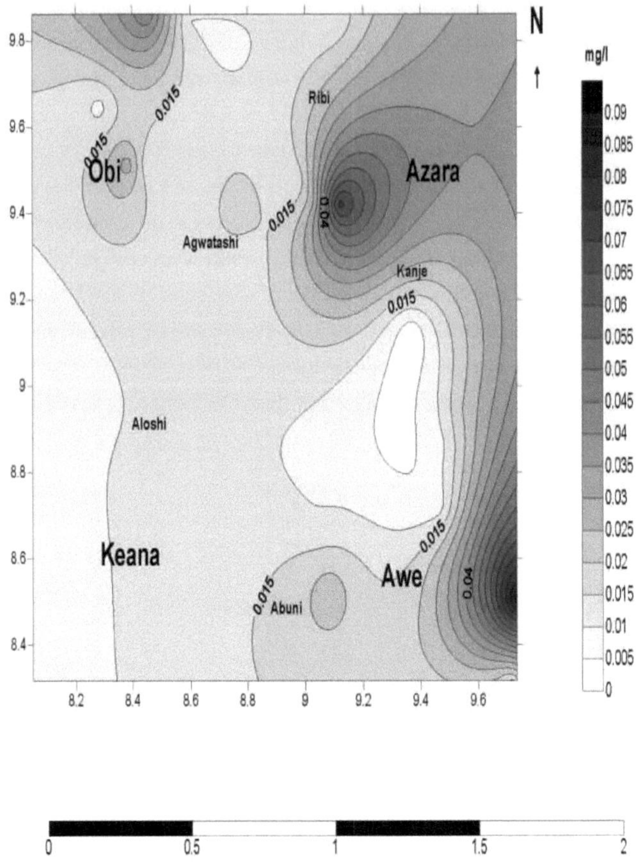

Figure 32: **Concentração de chumbo nas águas subterrâneas**

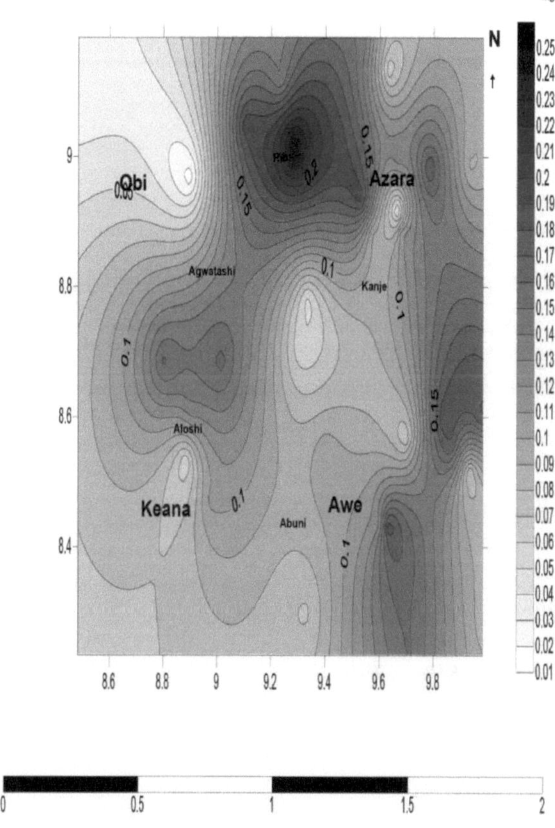

Figure 33: **Concentração de arsénio nas águas de superfície**

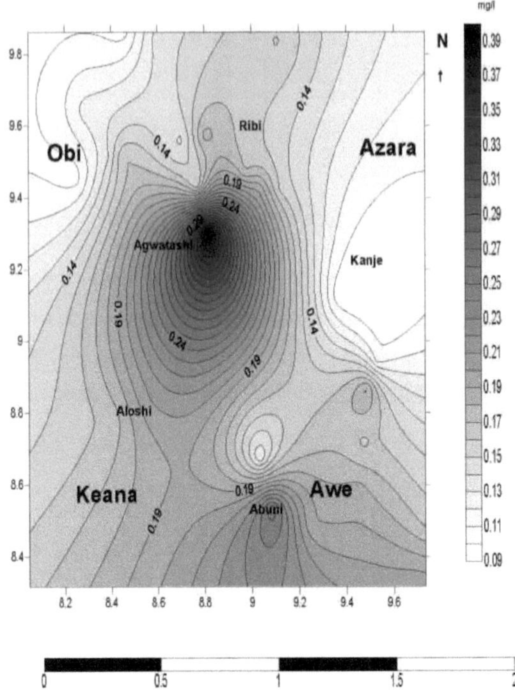

Figura 34: Concentração de arsénio nas águas subterrâneas

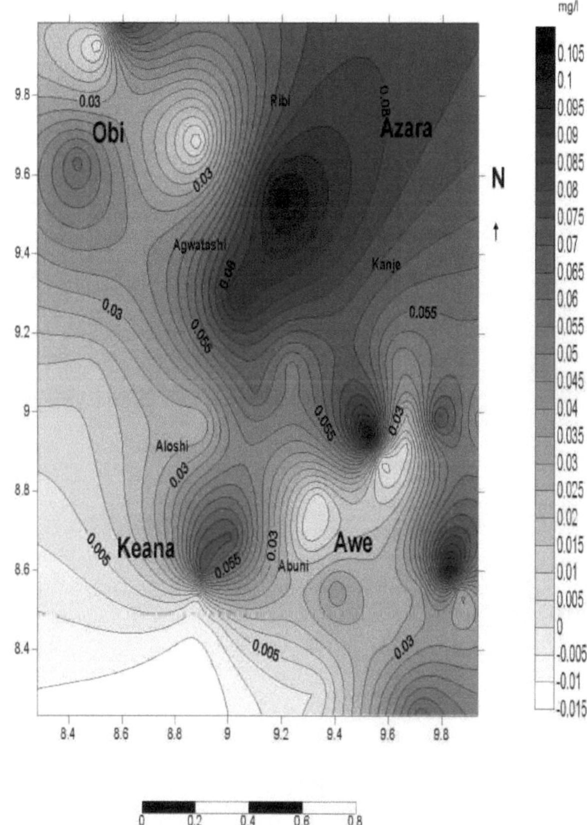

Figure 35: **Concentração de selénio nas águas de superfície**

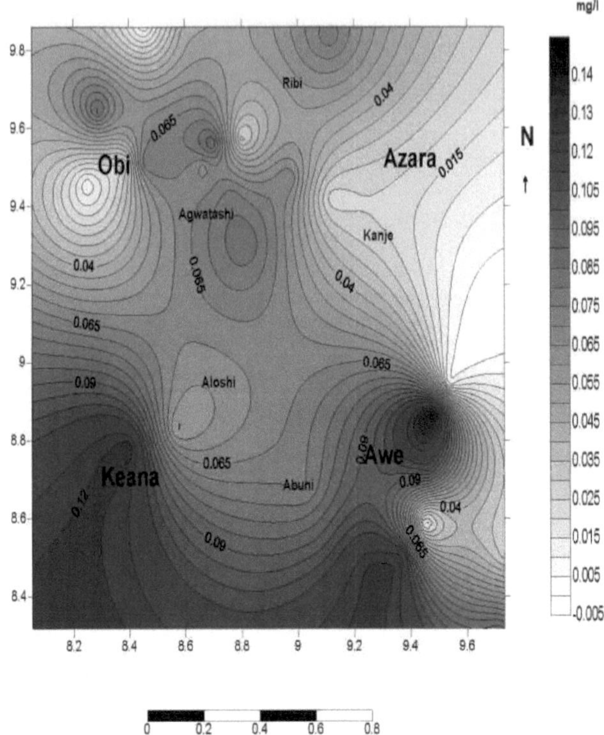

Figure 36: Concentração de selénio nas águas subterrâneas

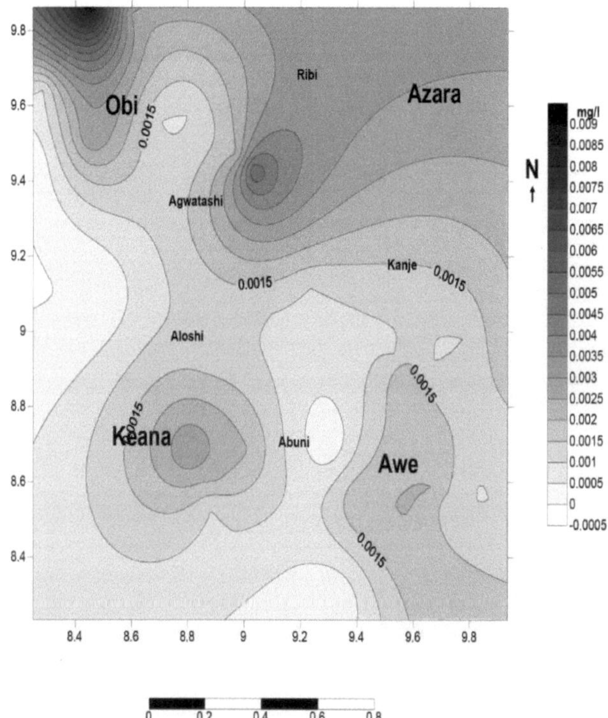

Figura 37: Concentração de cádmio nas águas de superfície

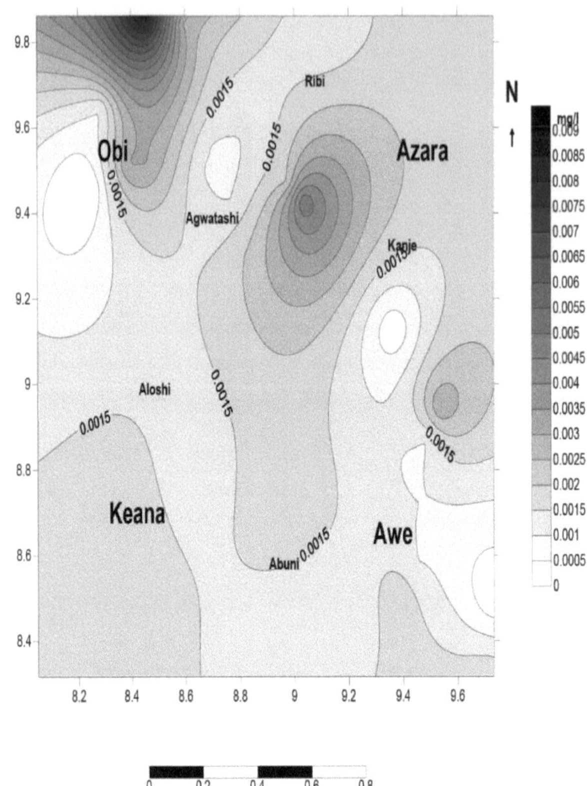

Figura 38: Concentração de cádmio nas águas subterrâneas

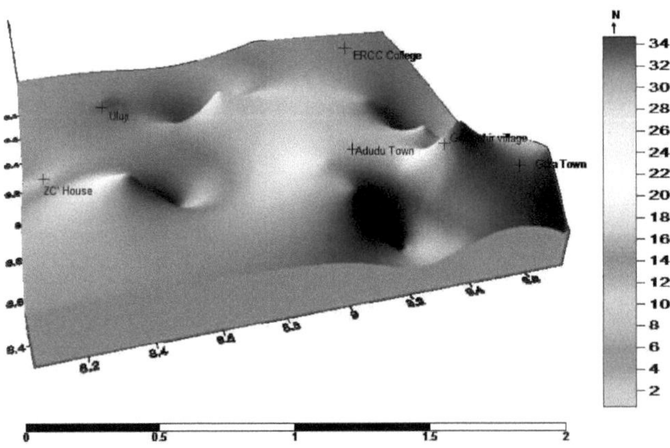

Figure 39: Iodine Distribution in Ground water of the Obi-Keana Axis

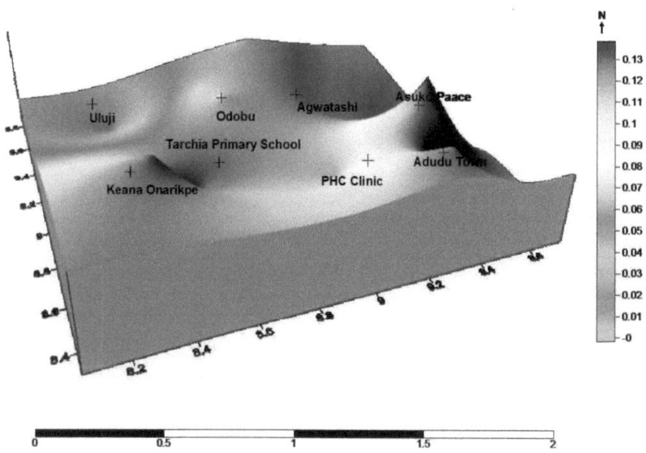

Figure 40: Selenium Distribution in Ground water of the Obi-Keana Axis

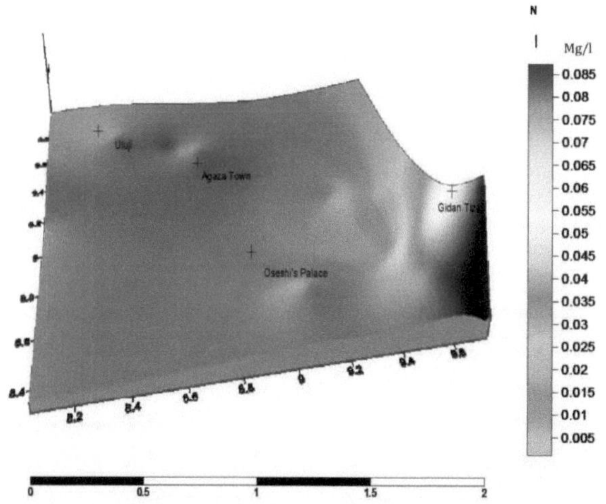

Figure 41: Lead Distribution in Ground water of the Obi-Keana Axis

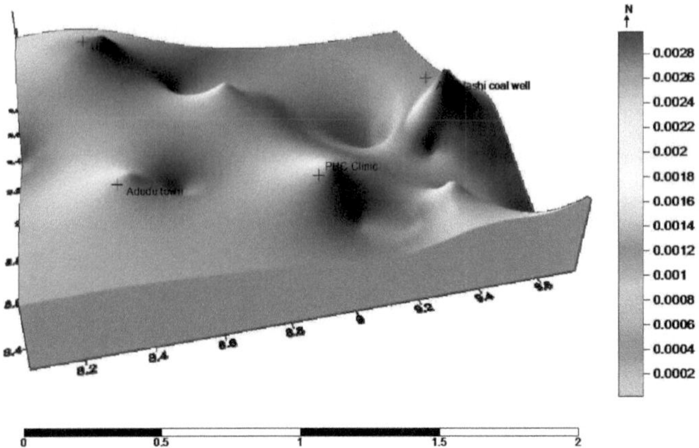

Figure 42: Cadnium Distribution in the Obi-Keana Axis.

4.2 AVALIAÇÃO DA CONCENTRAÇÃO DE OLIGOELEMENTOS DISTRIBUIÇÃO

A análise dos dados obtidos a partir de amostras de solo, sedimentos, água e salmoura do estudo foi efectuada utilizando alguns indicadores de poluição padrão internacionalmente aceites. Estes incluem: o índice de geo-acumulação (Igeo), o fator de enriquecimento (EF), o fator de contaminação (CF), o índice de carga de poluição (PLI), bem como a matriz de correlação de Pearson, todos utilizados como guia para descobrir contaminações químicas nos diferentes meios de amostragem da área de estudo.

4.2.1 Índice de Geo-acumulação (Igeo)

A área de estudo é caracterizada por uma mineralização generalizada (com ocorrências de chumbo-zinco, barita, carvão, bem como as salmouras) com actividades mineiras artesanais omnipresentes e problemas de poluição ambiental associados. Isto exige a necessidade de avaliar os níveis de contaminação no solo, na água e nos sedimentos da área. O índice de geo-acumulação é geralmente utilizado para determinar a contaminação antropogénica nos sedimentos, tal como introduzido por Muller (1969) e corroborado por trabalhos proeminentes como Forstner, Ahlif e Calmano (1993); Loska, Cehula, Pelczar, Weichula e Kwapuyinski (1997); Lokeshewar e Candrappa (2006) e Chen, Belzile e Gumn (2007). Este índice permite-nos avaliar o nível de contaminação através da comparação das concentrações actuais com os níveis de fundo. O Igeo é expresso através da seguinte equação de Muller:

$$Igeo = \log_2 \left(\frac{Cn}{1.5Bn} \right) \quad \text{-----------} \quad (1)$$

Em que Cn é a concentração medida do dado metal pesado examinado no solo ou sedimento, Bn é o valor geoquímico de fundo do elemento, 1,5 é incorporado na relação para ter em conta a possível variação dos dados de fundo (o fator de correção da matriz de fundo) devido a efeitos litogénicos, de acordo com Loska *et al* (1997). O índice de geo-acumulação é constituído por sete graus (0 a 6) que vão de não poluído a extremamente poluído. Os valores padrão do Igeo são apresentados na tabela 10 abaixo.

Tabela 10: Classificação de Muller para o Índice de Geo-acumulação

Valor Igeo	Classificação dos graus
≤0	0Não poluído
0-1	1Não poluído a moderadamente poluído
1-2	2Moderadamente poluído
2-3	3Moderadamente poluído a fortemente poluído
3-4	4Muito poluído
4-5	5Muito poluído a extremamente poluído
>6	6Extremamente poluído

Iodo

De acordo com a escala de Muller, os valores dos resultados calculados do índice de geoacumulação (Igeo) da área de Awe geralmente indicaram valores de Igeo entre 12 com os diferentes locais indicando valores de Igeo zero para iodo (I) para a maioria dos locais de amostra individuais exceto os locais de amostras 131-134 em torno de Mahanga (norte de Awe) com valor de Igeo de >6 indicando poluição extrema nos solos da área (Tabela 13). Isto mostrou claramente que o solo de Awe não estava poluído a moderadamente poluído, por iodo (a maioria das localizações). As localizações com valores nulos de Igeo, numa base individual, indicam uma concentração de fundo ou nula do elemento nos solos da zona. O índice de geo-acumulação para o iodo na área de Keana foi, em média, de 3-4 valores Igeo, com as áreas em redor da refinaria de sal (refinarias de Alasamu e Oze) e a área de Okpalaga a apresentarem valores Igeo elevados de 4-5 e >6, respetivamente. Na zona de Obi, o valor médio de Igeo para o iodo foi de 2-3. A maioria (9 de 14 amostras) das localizações apresentou Igeo ≤0, o que indica um solo não poluído, mas as áreas em redor do poço de carvão 2 a sul de Obi apresentaram solos fortemente poluídos com iodo. O solo na vizinhança da área do poço de carvão 1, a norte de Obi, tinha todos valores de Igeo inferiores a zero. O índice de geo-acumulação (Igeo) de iodo no solo da zona de Azara era geralmente baixo, com a maioria das amostras com Igeo ≤0, indicando ausência de poluição, mas havia (três de dez) locais com Igeo2-3.

Molibdénio

Na área de Awe (Tabela 13), o molibdénio (Mo) apresentou um valor Igeo geral entre 0-1, seguindo uma tendência semelhante à do iodo, com duas localizações com um valor de 1-2 a nordeste, em redor de Akwete. Em Keana (Quadro 11), o índice de geo-acumulação estava geralmente no valor 0-1 Igeo semelhante ao de Awe, exceto em algumas localizações que estavam a mais de 3 quilómetros de distância da cidade de Keana com valores entre 1-2 Igeo. Em Obi (Tabela 12), todo o solo da área apresentou um valor Igeo de zero, indicando que o solo não estava poluído por Mo. A situação (Igeo ≤0) que mostra a ausência de poluição em Azara (tabela 14) para o Mo foi semelhante à da área de Obi.

Zinco

O zinco (Zn), por outro lado, estava altamente enriquecido no solo com valores Igeo de 3-4, representando um dos valores de geo-acumulação mais elevados de todos os metais pesados na zona. Em Awe, foram registados valores de Igeo de 2-3 a leste e a sul, e a norte e a oeste de Awe. A tendência revelada pelo zinco em Awe mostrou um solo geralmente muito poluído, mas com poluição moderada a norte e a oeste e mais poluição a leste e a sul da zona. Os valores médios (Igeo 3-4) para Keana foram semelhantes aos de Awe, com algumas localizações (estrada Keana-Giza 4-5; Keana-Okpalaga 5-6) com valores ainda mais elevados. O valor médio do Igeo do zinco no solo de Obi foi de 2-3 (Quadro 12), indicando poluição moderada a forte, com mais poluição no solo da zona em redor do poço de carvão 2, com um valor Igeo de 3-4 (Figura 44), que descreve solos fortemente poluídos como os de Awe e Keana. Tal como na estrada Keana-Giza, o valor médio de Igeo do zinco para o solo de Azara é de Igeo 4-5, o que o torna consistente com todas as áreas com elevada intensidade de mineralização de chumbo-zinco e as suas omnipresentes actividades mineiras. O solo nestas áreas está, de acordo com a escala de Muller, fortemente a extremamente poluído com o metal pesado zinco.

Níquel

O níquel foi um dos elementos (Igeo) mais acumulados na área de estudo, especialmente no eixo noroeste. O solo de Obi estava extremamente poluído com níquel, com uma classe Igeo de 6 (Igeo = 5,88), representando a maior acumulação de Ni na área de estudo. Seguiu-se a sua acumulação no solo da zona de Keana, com uma classe Igeo de 3 (Igeo = 2,95), indicando um solo moderado a fortemente poluído com Ni. Em contrapartida, em Awe e Azara, o níquel manteve uma classe Igeo de 1 (Igeo = 0,24 em Awe e Igeo = 0,29 em Azara), o que indica que o solo das duas zonas estava não poluído a moderadamente poluído. A tendência de geo-acumulação apresentada pelo níquel é interessante porque o solo no eixo noroeste estava mais acumulado com Ni do que o solo no eixo sudeste da área de estudo.

Arsénio

O arsénio (As) nos solos da zona de Awe apresentou um valor Igeo geral de 2-3 (Quadro 13), mas com um valor Igeo ≤0 na parte ocidental. Tal como o Zn na zona de Awe, o arsénio apresentou um valor Igeo mais elevado, de 3-4, na parte oriental de Awe, em torno de Kekura. O arsénio na zona de Awe estava moderadamente poluído a fortemente poluído. O valor Igeo médio de As para o solo de Keana foi de 1-2, (Quadro 11) inferior aos valores médios para Awe. Os valores para a estrada Keana-Giza e Keana-Okpalaga, em comparação com Awe, são 4-5 e 2-3, respetivamente, mostrando semelhança no primeiro caso e valores mais baixos no segundo. Nos solos de Obi, o valor de As para o índice de geo-acumulação foi ≤0 (figura 44) em praticamente todas as amostras, exceto no extremo norte do poço de carvão 2, que apresentou um valor Igeo de 2-3, indicando uma poluição moderada a forte.

Chumbo

Os valores de Igeo em Keana situavam-se no mesmo intervalo de Igeo 0-1 de Awe, o que indica significativamente a não poluição do solo tanto em Awe como em Keana. Em Obi, o valor de Igeo também se situava no mesmo intervalo (Igeo 0-1) que em Awe e Keana. Nos solos de Azara (Quadro 14), o Igeo foi o mesmo. Os solos da zona não estavam poluídos por Pb.

Cobalto

Tal como o valor Igeo de Pb na área de Awe, o cobalto apresentou um valor de geo-acumulação de ≤0 também para a maioria dos locais de amostragem (na verdade, a maioria são valores negativos), exceto em alguns, como nas áreas de Mahanga e Jangerigeri (Igeo 1-2), com um aumento gradual notável nos valores em direção à área de Jangerigeri a oeste de Awe, onde a mineralização de chumbo-zinco e a mineração abundam. Em Keana, o Igeo foi ligeiramente mais elevado do que em Awe, apesar de se situar no mesmo intervalo de Igeo ≤0. De facto, o valor em torno de Borsta, a sul de Keana, foi o mais elevado (Igeo 2-3) quando se comparam Awe e Keana. O cobalto no solo de Obi foi mais elevado (Igeo 0-1) do que em Awe e Keana, indicando solo não poluído a ligeiramente poluído, com grande parte da contribuição de Igeo proveniente do poço de carvão 1 no norte da área. O Co na zona apresentava geralmente um Igeo inferior a 1, à semelhança do Pb, Cr, Cu, Ba e Sr, que eram todos inferiores a 1 na escala.

Crómio

O solo de Obi tinha um valor Igeo de 3,56, com uma classe Igeo de 4, tornando-o a classe Cr mais elevada em toda a área de estudo. Isto indica que o solo estava fortemente poluído com o elemento (Tabela 12). Seguiu-se o Cr Igeo em Keana, com um valor de 1,91 (Quadro 11), indicando um solo moderadamente poluído. Em Awe e Azara, o Cr Igeo foi inferior a um valor (Quadros 13 e 14), indicando ausência de poluição.

Cobre e bário

Em toda a área, o cobre manteve um valor Igeo inferior a um, indicando que o solo está não poluído a moderadamente poluído. Um valor de 0,74 em Keana, sendo os restantes inferiores a 0,5. O valor Igeo para o bário é de 0,14 registado em Awe, Keana e Obi. Azara registou 0,15. Todos estes valores indicam que não houve poluição do solo.

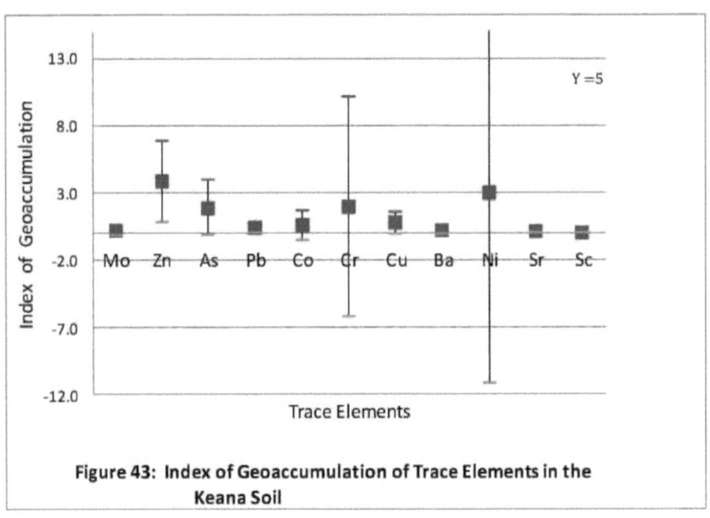

Figure 43: Index of Geoaccumulation of Trace Elements in the Keana Soil

Tabela 11: Resumo dos valores Igeo dos elementos vestigiais no solo de Keana

Elementos	Igeo Valor	Classe	Observações
Mo	0.18	1	Não poluído a moderadamente poluído
Zn	3.81	4	Fortemente poluído
Como	1.86	2	Moderadamente poluído
Pb	0.39	1	Não poluído a moderadamente poluído
Co	0.55	1	Não poluído a moderadamente poluído
Cr	1.91	2	Moderadamente poluído
Cu	0.74	1	Não poluído a moderadamente poluído
Ba	0.14	1	Não poluído a moderadamente poluído
Ni	2.95	3	Moderadamente a fortemente poluído
Sr	0.12	1	Não poluído a moderadamente poluído
Esc	0.03	1	Não poluído a moderadamente poluído

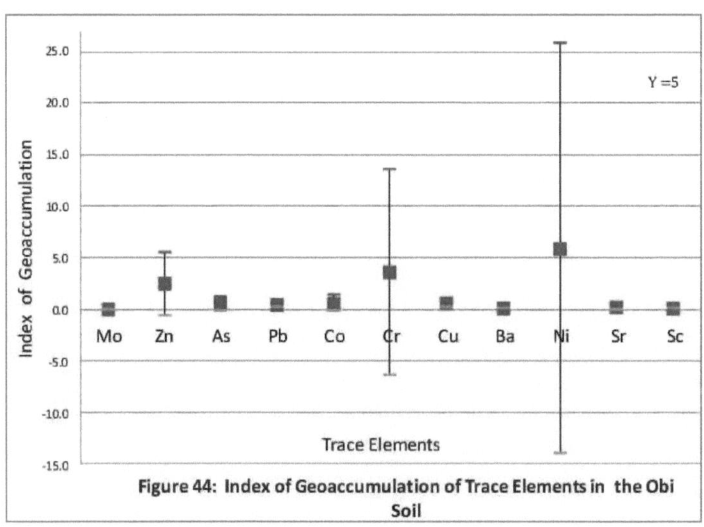

Figure 44: Index of Geoaccumulation of Trace Elements in the Obi Soil

Tabela 12: Resumo dos valores Igeo dos elementos vestigiais no solo de Obi

Elementos	Valor Igeo	Classe	Observações
Mo	0.00	0	Não poluído
Zn	2.43	3	Moderadamente a fortemente poluído
Como	0.49	1	Não poluído a moderadamente poluído
Pb	0.41	1	Não poluído a moderadamente poluído
Co	0.61	1	Não poluído a moderadamente poluído
Cr	3.56	4	Fortemente poluído
Cu	0.52	1	Não poluído a moderadamente poluído
Ba	0.09	1	Não poluído a moderadamente poluído
Ni	5.88	6	Extremamente poluído
Sr	0.14	1	Não poluído a moderadamente poluído
Esc	0.12	1	Não poluído a moderadamente poluído

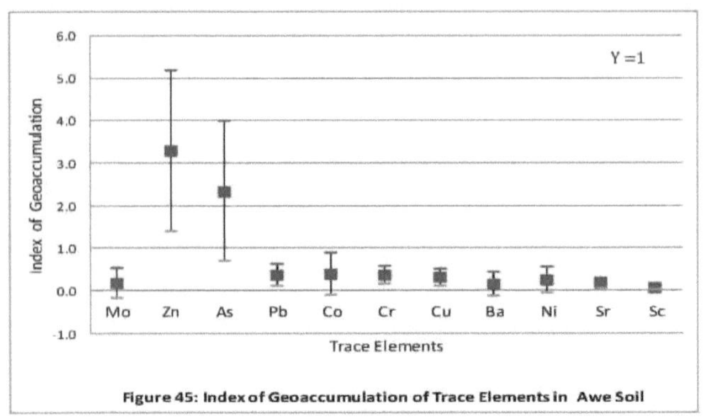

Figure 45: Index of Geoaccumulation of Trace Elements in Awe Soil

Tabela 13: Resumo dos valores Igeo dos elementos vestigiais no solo de Awe

Elementos	Valor Igeo	Classe	Observações
Mo	0.17	1	Não poluído a moderadamente poluído
Zn	3.28	4	Fortemente poluído
Como	2.33	3	Moderadamente a fortemente poluído
Pb	0.35	1	Não poluído a moderadamente poluído
Co	0.37	1	Não poluído a moderadamente poluído
Cr	0.35	1	Não poluído a moderadamente poluído
Cu	0.30	1	Não poluído a moderadamente poluído
Ba	0.14	1	Não poluído a moderadamente poluído
Ni	0.24	1	Não poluído a moderadamente poluído
Sr	0.15	1	Não poluído a moderadamente poluído
Sc	0.05	1	Não poluído a moderadamente poluído

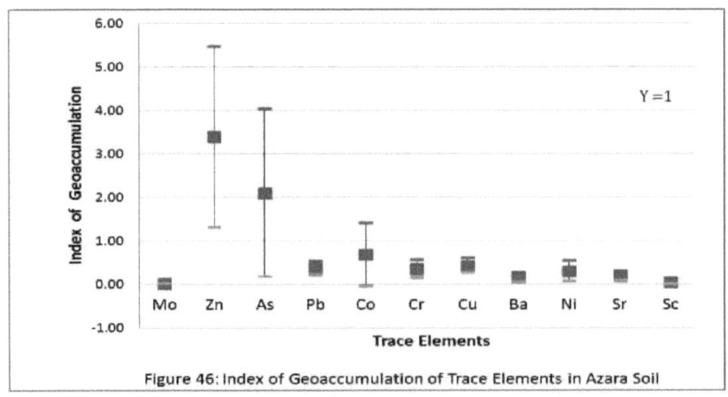

Figure 46: Index of Geoaccumulation of Trace Elements in Azara Soil

Tabela 14: Resumo dos valores Igeo dos elementos vestigiais no solo de Azara

Elementos	Valor Igeo	Classe	Observações
Mo	0.00	0	Não poluído
Zn	3.39	4	Fortemente poluído
Como	2.10	3	Moderada a fortemente poluída
Pb	0.36	1	Não poluído a moderadamente poluído
Co	0.68	1	Não poluído a moderadamente poluído
Cr	0.35	1	Não poluído a moderadamente poluído
Cu	0.42	1	Não poluído a moderadamente poluído
Ba	0.15	1	Não poluído a moderadamente poluído
Ni	0.29	1	Não poluído a moderadamente poluído
Sr	0.17	1	Não poluído a moderadamente poluído
Esc	0.03	1	Não poluído a moderadamente poluído

4.2.2 Igeo em sedimentos de cursos de água das zonas de Keana, Awe e Azara

Os valores Igeo de elementos vestigiais nos sedimentos dos cursos de água das zonas de Keana, Awe e Azara são apresentados nas Figuras 47 e 48. O zinco e o níquel apresentaram os valores mais elevados (valores Igeo >6) nas zonas de Keana (e em Azara para o Ni), indicando que os sedimentos estavam extremamente poluídos por estes dois elementos. Os valores mais elevados dos dois elementos tendem a aumentar na parte oriental de Keana, em torno da "colina de galena", com intensa mineralização de chumbo-zinco e actividades mineiras de Pb-Zn.

O cobalto e o crómio encontravam-se no nível de geo-acumulação seguinte, ambos com valores Igeo de 3-4 (Cr em Azara) e (>6 em Keana), indicando níveis de poluição fortes a extremos, enquanto o arsénio, o chumbo e o cobre se encontravam no intervalo de valores Igeo de 1-2, indicando um solo moderadamente poluído. O Mo, Ba, Sr e Sc situavam-se no valor Igeo inferior de 0-1, tendo o Sr e o Mo um valor Igeo de ≤0, indicando um solo praticamente não poluído nas três zonas.

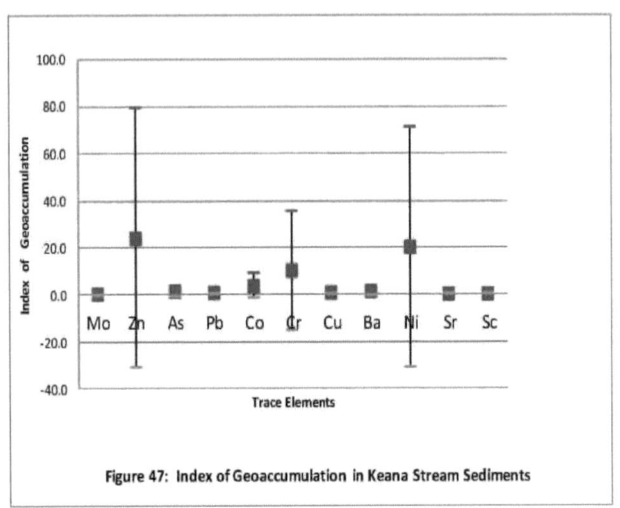

Figure 47: Index of Geoaccumulation in Keana Stream Sediments

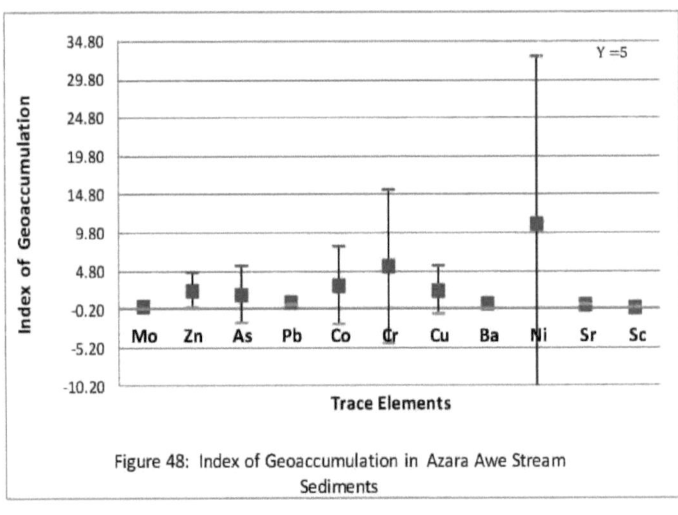

Figure 48: Index of Geoaccumulation in Azara Awe Stream Sediments

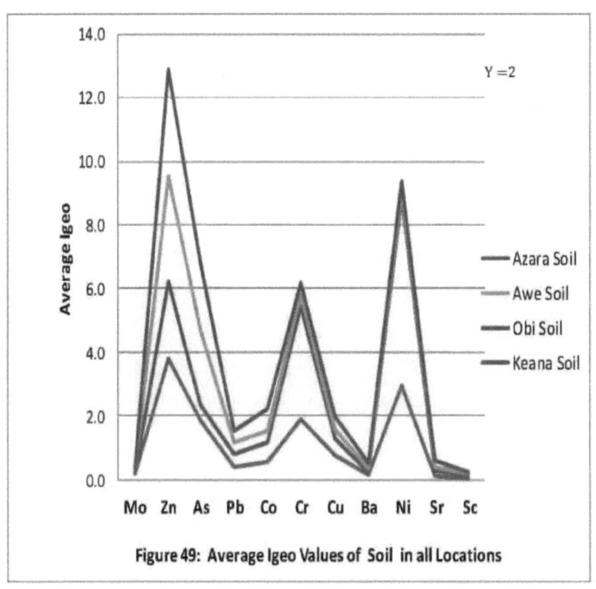

Figure 49: Average Igeo Values of Soil in all Locations

4.2.3 Índice de geo-acumulação em águas subterrâneas e superficiais I(geo)

Tanto nas águas subterrâneas como nas águas superficiais, o arsénio parece estar mais acumulado do que todos os outros elementos vestigiais na água. Nas águas subterrâneas, o elemento apresentou uma classe Igeo de 4 em todos os locais (Igeo = 3,70 em Obi, 3,44 em Azara e 3,40 em Keana), indicando que as águas subterrâneas estavam fortemente poluídas por arsénio. Foi registada uma classe Igeo inferior de 3 (Igeo = 2,97) para as águas subterrâneas de Obi. Contudo, a poluição por arsénio nas águas superficiais de todas as zonas era geralmente mais baixa, com Azara (Igeo=2,8), Obi (Igeo=2,35), Awe (Igeo=2,21) com uma classe Igeo de 3 (Figura 56), indicando um solo moderado a fortemente poluído, e Keana com 1,79, indicando uma poluição moderada. Os níveis de poluição por arsénio no estudo não eram inesperados devido às actividades mineiras de Pb/Zn generalizadas nas áreas.

O selénio seguiu o arsénio no índice de geo-acumulação da água na área de estudo. O selénio tinha uma classe Igeo de 2 em todas as áreas (Igeo=1,63 em Keana, 1,60 em Azara, 1,58 em Obi e 1,38 em Awe), indicando que as águas estavam apenas moderadamente poluídas com selénio. A situação foi muito diferente com as águas superficiais, em que a classe Igeo em todas as áreas (exceto Azara) foi de um (1), indicando que as águas superficiais não estavam poluídas com selénio. Nas águas superficiais de Azara, o Igeo foi de 1,47, indicando um estado de poluição moderado. O zinco nas águas subterrâneas e superficiais da zona de Keana apresentou uma classe Igeo de 3 e 2, respetivamente (Figuras 50 e 51), indicando poluição moderada a forte nas águas subterrâneas e moderada nas águas superficiais. O zinco nas águas subterrâneas e superficiais de Awe e Azara apresentou uma classe Igeo de zero, indicando que a água não estava poluída com Zn, mas apresenta uma classe Igeo de 1 para as águas subterrâneas em Obi (Igeo=0,15).

O cádmio, o crómio, o molibdénio, o níquel, o bário e o chumbo apresentaram todos uma classe Igeo de 1, tanto para as águas subterrâneas como para as águas superficiais, indicando que a água em todas as zonas estava não poluída a moderadamente poluída, com os oligoelementos enumerados. O cobre, em todas as zonas, apresentou um Igeo de zero, indicando que não estava poluído, tanto nas águas subterrâneas como nas águas de superfície.

Exceptuando o arsénio, o iodo, o selénio e o zinco, que apresentavam níveis de poluição moderados a fortes, como referido acima, todos os outros oligoelementos se encontravam no estado de não poluído a moderado. É de salientar que o elevado estado do iodo e do selénio nas águas é interessante porque estes elementos não foram acumulados no solo (têm valores Igeo de zero a um), indicando que a perda destes micronutrientes essenciais é compensada na água potável em lagos, poços escavados e furos.

Tabela 15: Valores médios de I-geo na água subterrânea

ELEMENTOS	KEANA	OBI	AWE	AZARA	S.D
Como	3.40	3.70	2.97	3.44	0.26
Cd	0.09	0.12	0.11	0.19	0.04
Cr	0.01	0.01	0.01	0.02	0.00
Cu	0.00	0.00	0.00	0.01	0.00
Mo	0.05	0.05	0.04	0.04	0.01
Ni	0.03	0.08	0.28	0.07	0.10
Pb	0.29	0.33	0.33	0.34	0.02
Se	1.63	1.58	1.38	1.60	0.10
Ba	0.14	0.14	0.05	1.24	0.49
Zn	2.37	0.15	0.00	0.00	1.01

S.D = Desvio padrão

Quadro 16: Valores médios de I-geo nas águas de superfície

ELEMENTOS	KEANA	OBI	AWE	AZARA	S.D
Como	1.97	2.35	2.21	2.48	0.19
Cd	0.08	0.08	0.12	0.13	0.02
Cr	0.01	0.02	0.01	0.01	0.00
Cu	0.00	0.00	0.00	0.00	0.00
Mo	0.03	0.02	0.02	0.03	0.01
Ni	0.11	0.07	0.07	0.06	0.02
Pb	0.24	0.42	0.22	0.54	0.13
Se	0.60	0.94	0.93	1.47	0.31
Ba	0.14	0.04	0.07	0.77	0.30
Zn	1.23	0.00	0.00	0.00	0.53

S.D = Desvio padrão

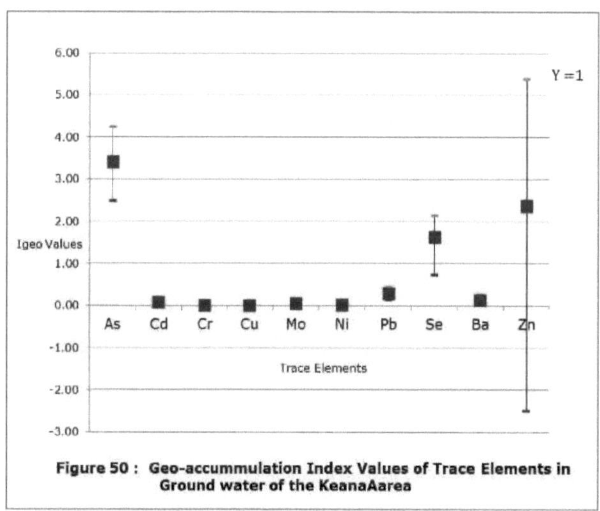

Figure 50 : Geo-accummulation Index Values of Trace Elements in Ground water of the KeanaAarea

Tabela 17: Resumo dos valores Igeo dos elementos vestigiais nas águas subterrâneas da área de Keana

Elementos	Valor Igeo	Classe	Observações
Como	3.40	4	Fortemente poluído
Cd	0.09	1	Não poluído a moderadamente poluído
Cr	0.01	1	Não poluído a moderadamente poluído
Cu	0.00	0	Não poluído
Mo	0.05	1	Não poluído a moderadamente poluído
Ni	0.03	1	Não poluído a moderadamente poluído
Pb	0.29	1	Não poluído a moderadamente poluído
Se	1.63	2	Moderadamente poluído
Ba	0.14	1	Não poluído a moderadamente poluído
Zn	2.37	3	Moderadamente poluído a fortemente poluído

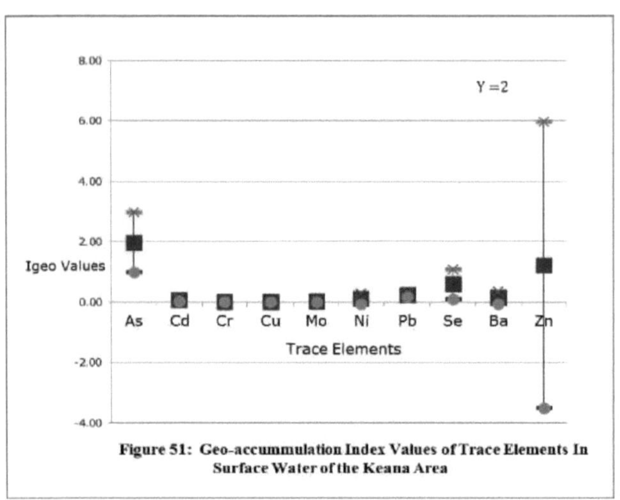

Figure 51: Geo-accummulation Index Values of Trace Elements In Surface Water of the Keana Area

Tabela 18: Resumo dos valores Igeo de elementos vestigiais na água de superfície da área de Keana

Elementos	Valor Igeo	Classe	Observações
Como	1.97	2	Moderadamente poluído
Cd	0.08	1	Não poluído a moderadamente poluído
Cr	0.01	1	Não poluído a moderadamente poluído
Cu	0.00	0	Não poluído
Mo	0.03	1	Não poluído a moderadamente poluído
Ni	0.11	1	Não poluído a moderadamente poluído
Pb	0.24	1	Não poluído a moderadamente poluído
Se	0.60	1	Não poluído a moderadamente poluído
Ba	0.14	1	Não poluído a moderadamente poluído
Zn	1.23	2	Moderadamente poluído

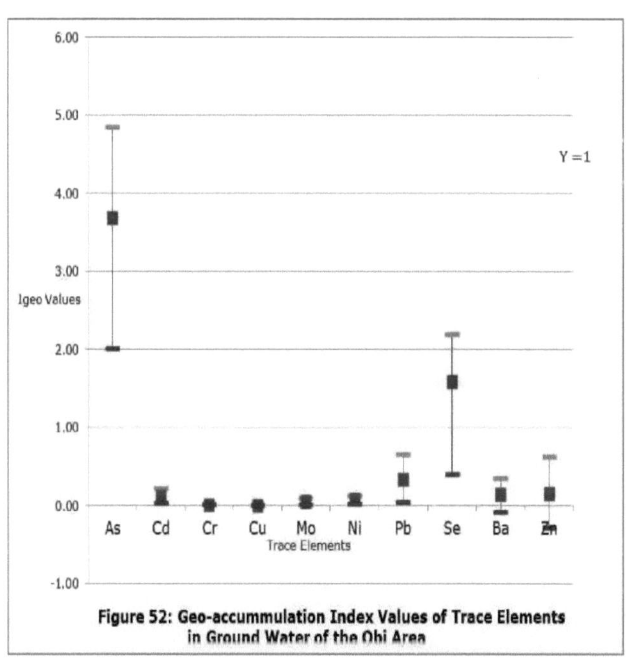

Figure 52: Geo-accummulation Index Values of Trace Elements in Ground Water of the Obi Area

Tabela 19: Resumo dos valores Igeo de elementos vestigiais na água subterrânea da área de Obi

Elementos	Valor Igeo	Classe	Observações
Como	3.70	4	Fortemente poluído
Cd	0.12	1	Não poluído a moderadamente poluído
Cr	0.01	1	Não poluído a moderadamente poluído
Cu	0.00	0	Não poluído
Mo	0.05	1	Não poluído a moderadamente poluído
Ni	0.08	1	Não poluído a moderadamente poluído
Pb	0.33	1	Não poluído a moderadamente poluído
Se	1.58	2	Moderadamente poluído
Ba	0.14	1	Não poluído a moderadamente poluído
Zn	0.15	1	Não poluído a moderadamente poluído

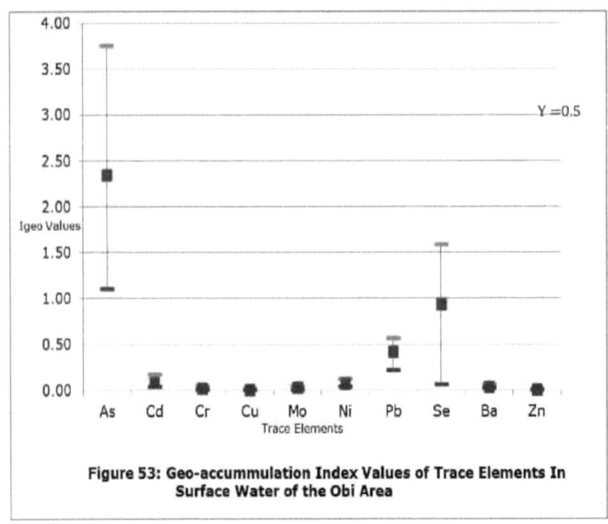

Figure 53: Geo-accummulation Index Values of Trace Elements In Surface Water of the Obi Area

Tabela 20: Resumo dos valores Igeo de elementos vestigiais na água de superfície da área de Obi

Elementos	Valor Igeo	Classe	Observações
Como	2.35	3	Moderadamente a fortemente poluído
Cd	0.08	1	Não poluído a moderadamente poluído
Cr	0.02	1	Não poluído a moderadamente poluído
Cu	0.00	0	Não poluído
Mo	0.02	1	Não poluído a moderadamente poluído
Ni	0.07	1	Não poluído a moderadamente poluído
Pb	0.42	1	Não poluído a moderadamente poluído
Se	0.94	1	Não poluído a moderadamente poluído
Ba	0.04	1	Não poluído a moderadamente poluído
Zn	0.00	1	Não poluído a moderadamente poluído

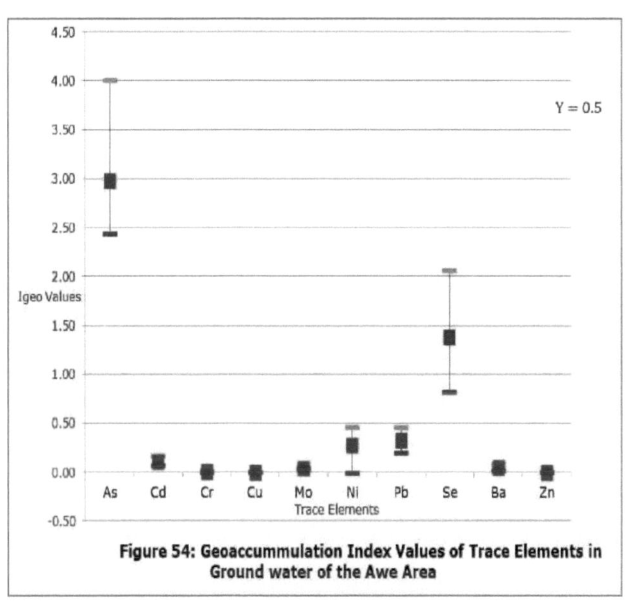

Figure 54: Geoaccummulation Index Values of Trace Elements in Ground water of the Awe Area

Tabela 21: Resumo dos valores Igeo dos elementos vestigiais nas águas subterrâneas da zona de Awe

Elementos	Valor Igeo	Classe	Observações
Como	2.97	3	Moderadamente a fortemente poluído
Cd	0.11	1	Não poluído a moderadamente poluído
Cr	0.01	1	Não poluído a moderadamente poluído
Cu	0.00	0	Não poluído
Mo	0.04	1	Não poluído a moderadamente poluído
Ni	0.28	1	Não poluído a moderadamente poluído
Pb	0.33	1	Não poluído a moderadamente poluído
Se	1.38	2	Moderadamente poluído
Ba	0.05	1	Não poluído a moderadamente poluído
Zn	0.00	1	Não poluído a moderadamente poluído

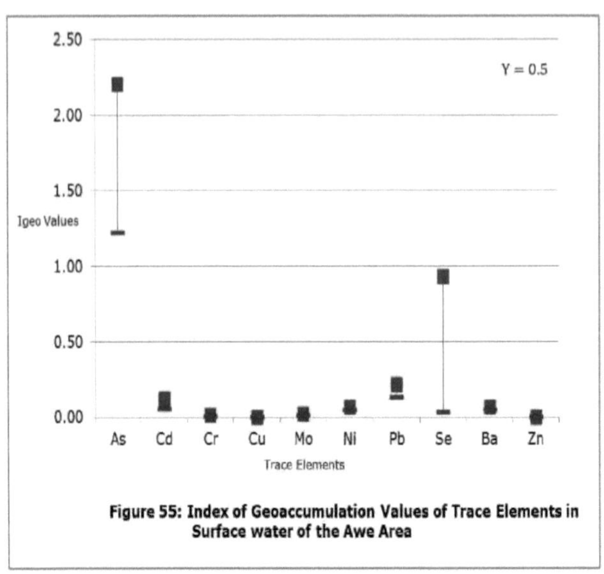

Figure 55: Index of Geoaccumulation Values of Trace Elements in Surface water of the Awe Area

Tabela 22: Resumo dos valores Igeo dos elementos vestigiais nas águas superficiais da zona de Awe

Elementos	Valor Igeo	Classe	Observações
Como	2.21	3	Moderadamente a fortemente poluído
Cd	0.12	1	Não poluído a moderadamente poluído
Cr	0.01	1	Não poluído a moderadamente poluído
Cu	0.00	0	Não poluído
Mo	0.02	1	Não poluído a moderadamente poluído
Ni	0.07	1	Não poluído a moderadamente poluído
Pb	0.22	1	Não poluído a moderadamente poluído
Se	0.93	1	Não poluído a moderadamente poluído
Ba	0.07	1	Não poluído a moderadamente poluído
Zn	0.00	1	Não poluído a moderadamente poluído

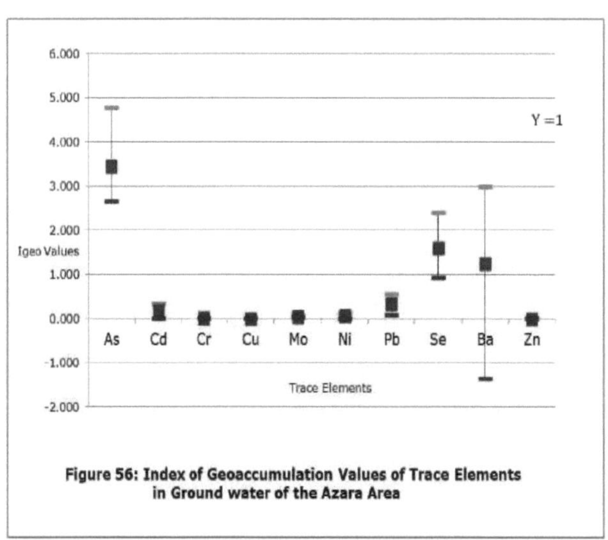

Figure 56: Index of Geoaccumulation Values of Trace Elements in Ground water of the Azara Area

Tabela 23 : Resumo dos valores Igeo dos elementos vestigiais nas águas subterrâneas da zona de Azara

Elementos	Valor Igeo	Classe	Observações
Como	3.44	3	Fortemente poluído
Cd	0.19	1	Não poluído a moderadamente poluído
Cr	0.02	1	Não poluído a moderadamente poluído
Cu	0.01	1	Não poluído a moderadamente poluído
Mo	0.04	1	Não poluído a moderadamente poluído
Ni	0.07	1	Não poluído a moderadamente poluído
Pb	0.34	1	Não poluído a moderadamente poluído
Se	1.60	1	Não poluído a moderadamente poluído
Ba	1.24	1	Não poluído a moderadamente poluído
Zn	0.00	1	Não poluído a moderadamente poluído

Tabela 24: Resumo dos valores Igeo dos elementos vestigiais nas águas superficiais da zona de Azara

Elementos	Valor Igeo	Classe	Observações
Como	2.48	3	Moderadamente a fortemente poluído
Cd	0.13	1	Não poluído a moderadamente poluído
Cr	0.01	1	Não poluído a moderadamente poluído
Cu	0.00	0	Não poluído
Mo	0.03	1	Não poluído a moderadamente poluído
Ni	0.06	1	Não poluído a moderadamente poluído
Pb	0.54	1	Não poluído a moderadamente poluído
Se	1.47	2	Moderadamente poluído
Ba	0.77	1	Não poluído a moderadamente poluído
Zn	0.00	1	Não poluído a moderadamente poluído

4.3 FACTOR DE ENRIQUECIMENTO (EF)

O fator de enriquecimento (FE) é um parâmetro padrão utilizado para avaliar o nível de contaminação do solo e procura conhecer a possível entrada e impacto natural ou antropogénico nos solos e sedimentos. O fator de enriquecimento é um indicador útil que reflecte o estado da contaminação ambiental geral. Este fator ajuda a identificar a contaminação anómala por metais e a normalização geoquímica do metal pesado em relação a um elemento imóvel, como o Al, Fe, Sc e Si. O EF é normalmente utilizado para comparar e também para verificar/certificar o estado de geo-acumulação de materiais geológicos como o solo. Nesta avaliação, o alumínio (Al) foi utilizado como elemento imóvel para diferenciar entre componentes naturais e antropogénicos e está associado a rochas crustais. Os rácios de metal para alumínio são amplamente adoptados, presumivelmente porque a concentração de Al nos produtos de meteorização e no seu material de origem são geralmente comparáveis. O Al é também o elemento normalizador que se assume não ser consequentemente enriquecido devido à contaminação local, Prasad e Srivatsava, (2004). Os valores de referência foram adoptados de Kabata Pendias e Mukherjee (2007)

O fator de enriquecimento é calculado de acordo com a equação;

$$EF = \frac{\left[\frac{M}{Al}\right]_{sample}}{\left[\frac{M}{Al}\right]_{background\ (crust)}} \quad (2)$$

Em que EF é o fator de enriquecimento, Msample e Mbackground são as concentrações dos elementos investigados na amostra e nos materiais crustais (fundo), enquanto Alsample e Albackground são as concentrações de Al na amostra e na abundância crustal, respetivamente. De acordo com Zhang e Liu (2002), os valores de EF inferiores e próximos de 1,0 indicam que o elemento no sedimento teve origem predominantemente no material crustal/de fundo e/ou no processo de meteorização. Valores de EF superiores a 1,0 indicam a origem antropogénica do elemento (Szefer, Pempkowiak, Skwarzec e Bojaniwiski, 1996).

De acordo com Chen *et al*, (2007);

EF = < 3 indica um enriquecimento menor ou mínimo (impacto antropogénico),

EF = 3-5 indica um enriquecimento moderado,

EF = 5-10 indica um enriquecimento moderadamente grave,

EF = 10-25 indica um enriquecimento grave,

EF = 25-50 indica um enriquecimento muito grave,

EF > 50 indica um enriquecimento extremamente grave.

As Tabelas 25 a 28 mostram o resumo dos valores de EF do solo da área de estudo.

4.3.1 Obi Soil:

A avaliação do fator de enriquecimento (EF) de metais pesados no solo da área de estudo mostrou que, em Obi, o Cr e o Ni estavam extremamente enriquecidos no solo, com um EF médio de 79,7 e 147, respetivamente (Tabela 25), dando o EF médio mais elevado na área de Obi. A contribuição significativa (>70%) do enriquecimento de Cr e Ni veio de locais dentro do poço de carvão de Obi, tendo os outros locais um enriquecimento mínimo do elemento. O Zn teve o segundo EF mais elevado de 15, indicando um enriquecimento grave, enquanto o Co, o Sr e o Cu apresentaram todos um valor EF de 5-10, indicando um enriquecimento moderado a grave. O enriquecimento mais baixo e, por conseguinte, mínimo, foi apresentado pelo Mo, Ba, As e Pb, com EF de 0,00, 0,64, 2,56 e 3,68, respetivamente, que se enquadram todos no nível de enriquecimento < 3 (exceto o Pb). Isto sugere que Mo, Ba, As e Pb provêm do ambiente natural, enquanto Cr, Ni e I (no nível de enriquecimento extremo) e Co, Sr e Cu (no nível moderado a severo) provêm de fontes antropogénicas e foram contaminados no solo. Um resumo do estado de EF dos elementos vestigiais no solo de Obi é apresentado na Tabela 19.

4.3.2 Solo de Keana:

Zn, As, Sr e Mo tornaram-se mais enriquecidos (com EF = 128,60, 87,66, 14,53 e 12,05, respetivamente) no solo da área de Keana do que no solo de Obi, com EF consideravelmente baixo (EF = 14,97, 2,56, 6,68 e 0,00). Esta tendência de maior enriquecimento no solo de Keana foi a mesma para Pb, Cu e Ba (com EF>5) quando comparado com o solo de Obi (com EF<5). Por outro lado, os valores de EF de Ni e Cr foram notavelmente elevados (147 e 79,66) no solo de Obi em comparação com Keana. Este maior enriquecimento de Zn, Pb, As e Cu no solo de Keana não é alheio à intensa mineralização de Pb-Zn e barita, juntamente com as caraterísticas complexas de intemperismo das formações litológicas e da topografia em torno de Keana. A Tabela 26 mostra o resumo da EF de oligoelementos para o solo de Keana.

Tabela 25: Resumo do estado de EF dos elementos vestigiais nos solos da área de Obi

Elemento	Valor EF	Classificação
Mo	0.03	Enriquecimento menor ou mínimo
Zn	14.97	Enriquecimento severo
Como	2.56	Enriquecimento menor ou mínimo
Pb	3.68	Enriquecimento moderado
Co	8.12	Enriquecimento moderado - severo
Cr	79.66	Enriquecimento severo extremo
Cu	4.25	Enriquecimento moderado
Ba	0.64	Enriquecimento menor ou mínimo
Ni	147.17	Enriquecimento severo extremo
Sr	6.68	Enriquecimento moderado - severo

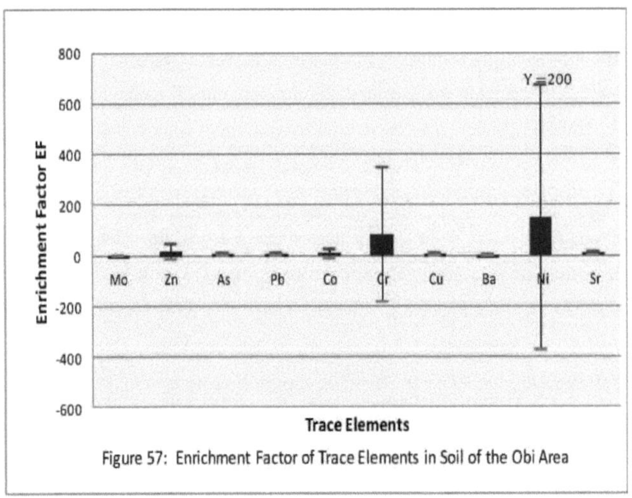

Figure 57: Enrichment Factor of Trace Elements in Soil of the Obi Area

Tabela 26: Resumo do estado de EF dos oligoelementos no solo da área de Keana.

Elemento	Valor EF	Classificação
Mo	12.05	Enriquecimento moderado - severo
Zn	128.60	Enriquecimento severo extremo
Como	87.66	Enriquecimento severo extremo

Pb	8.59	Enriquecimento moderado - severo
Co	7.65	Enriquecimento moderado - severo
Cr	7.04	Enriquecimento moderado - severo
Cu	6.08	Enriquecimento moderado - severo
Ba	6.01	Enriquecimento moderado - severo
Ni	4.30	**Enriquecimento moderado**
Sr	14.53	Enriquecimento severo

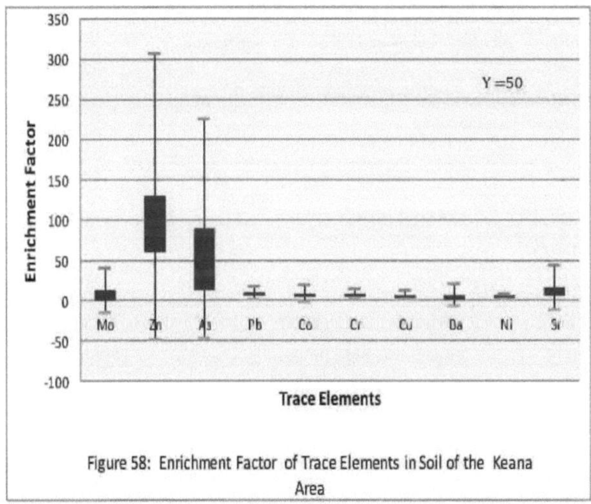

Figure 58: Enrichment Factor of Trace Elements in Soil of the Keana Area

4.3.3 Solo de pavor:

O solo da zona de Awe estava extremamente enriquecido em arsénio e zinco, com um EF médio de 154,1 e 125,8 para As e Zn, respetivamente (Figura 59). O arsénio mostrou um enriquecimento extremo na maioria dos locais de amostragem e o Zn só foi severo em alguns locais (15%). O estrôncio (Sr) e o molibdénio (Mo) com EF de 60 e 20, respetivamente, enquanto o Pb, Cu, Co, Cr, Ni, apresentaram valores de EF de 14,80, 10,00, 9,20 e 6,60, respetivamente (Tabelas 27 e 28), indicando um enriquecimento grave a moderado. O Ba, com um EF de 2,90, estava minimamente enriquecido nos solos da zona de Awe. Tal como na zona de Keana, os níveis de EF para o Zn e o As apresentaram a mesma tendência que em Awe, provavelmente devido ao mesmo tipo e intensidade de semelhanças geológicas e geoquímicas, como a mineralização e as actividades de meteorização. No entanto, o EF do arsénio era mais elevado em Awe do que em Keana, que, por sua vez, apresentava tendências de EF mais elevadas para Pb, Co, Cr, Cu, Ni e Ba. O solo de Awe estava extremamente enriquecido em arsénio e zinco, com um enriquecimento mínimo a moderado nos outros metais vestigiais.

4.3.4 Solo de Azara:

Comparativamente a todas as áreas do estudo, o solo da Azara apresentou a classe de factores de enriquecimento mais elevada no que diz respeito ao zinco e ao arsénio (Figura 60), que se encontravam extremamente enriquecidos com EF 732,97 e 723,59, respetivamente (Tabela 28). O estrôncio (Sr) também manteve a mesma tendência de enriquecimento extremo de EF>50. Esta classe de EF extrema de As e Zn foi consistente com as de Awe e Keana devido principalmente às caraterísticas geológicas e físico-químicas da área de estudo, com exceção do segmento de Obi definido pela deposição de carvão e litologia de xisto escuro. Os níveis de enriquecimento de cobre, chumbo, cobalto, crómio e bário, com EF 107, 92, 67, 55 e 20, respetivamente, todos indicando um enriquecimento extremo e grave na zona de Azara, apresentavam também a mesma tendência de enriquecimento que os de Awe e Keana, pelas mesmas razões já referidas. No entanto, os níveis eram mais elevados em Azara.

Tabela 27: Resumo do estado de EF dos elementos vestigiais no solo de Awe

Elemento	Valor EF	Classificação
I	344.40	Enriquecimento severo extremo
Mo	20.10	Enriquecimento severo
Zn	125.80	Enriquecimento severo extremo
Como	154.10	Enriquecimento severo extremo
Pb	14.80	Enriquecimento severo
Co	9.20	Enriquecimento moderado - severo
Cr	9.30	Enriquecimento moderado - severo
Cu	10.00	Enriquecimento moderado - severo
Ba	2.90	Enriquecimento menor ou mínimo
Ni	6.60	Enriquecimento moderado
Sr	59.90	Enriquecimento severo extremo

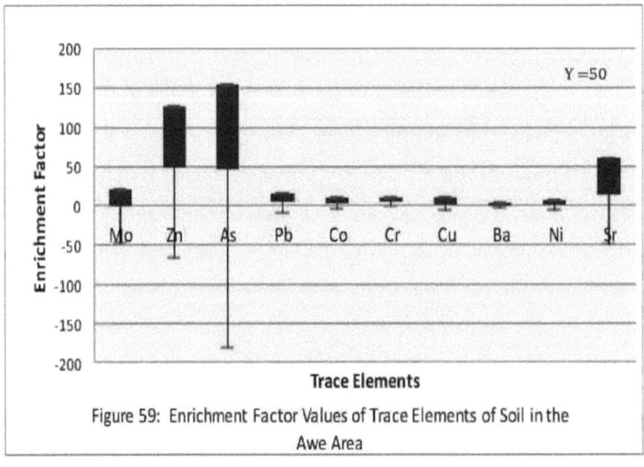

Figure 59: Enrichment Factor Values of Trace Elements of Soil in the Awe Area

Tabela 28: Resumo da classificação EF do solo na zona de Azara

Elemento	Valor EF	Classificação
I	2970.58	Enriquecimento severo extremo
Mo	0.00	Enriquecimento menor ou mínimo
Zn	732.97	Enriquecimento severo extremo
Como	723.59	Enriquecimento severo extremo
Pb	91.48	Enriquecimento severo extremo
Co	67.45	Enriquecimento severo extremo
Cr	55.02	Enriquecimento severo extremo
Cu	107.75	Enriquecimento severo extremo
Ba	20.19	Enriquecimento severo
Ni	38.97	Enriquecimento muito severo
Sr	415.56	Enriquecimento severo extremo

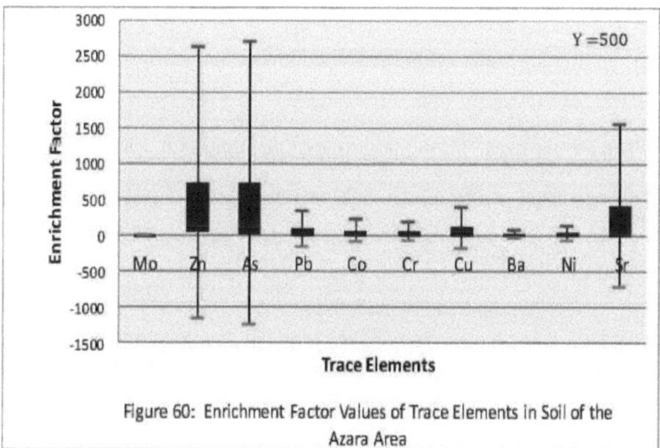

Figure 60: Enrichment Factor Values of Trace Elements in Soil of the Azara Area

4.4 FACTOR DE CONTAMINAÇÃO (CF) E CARGA POLUENTE INDEX (PLI)

O Índice de Carga de Poluição (PLI) e o Fator de Contaminação (CF) foram utilizados neste estudo para medir os níveis de contaminação de metais pesados em solos e sedimentos. O PLI é obtido como um produto dos factores de contaminação medidos dos diferentes oligoelementos, enquanto o CF é o quociente obtido dividindo a concentração dos elementos. Em geral, o PLI é calculado obtendo a raiz n dos n-FC medidos.

O índice de carga poluente e o fator de contaminação são expressos, tal como desenvolvido por Tomlinson, Wilson, Harris e Jeffery (1980), pela seguinte equação:

$$CF = C_{metal} / C_{background\ value} \quad \text{-----------} (3)$$

$$PLI = {}^{n}\sqrt{(CF1 \times CF2 \times CF3 \ldots \times CFn} \quad \text{-----------} (4)$$

Onde;

CF= fator de contaminação

n= número de metais

Cmetal= concentração de metais nos sedimentos poluídos

Cbackground= valor de fundo do metal

De acordo com a equação, um valor de PLI > 1 é poluído, enquanto um valor de PLI < 1 indica ausência de poluição.

Neste estudo, para efeitos de cálculo do PLI, que é uma função de todos os CFs medidos para os elementos, a concentração média mundial estabelecida de elementos nos solos, adoptada após Kabata Pendias e Krakowiak, (1999); Kabata Pendias e Pendias, (2001) e Kabata Pendias e Mukherjee, (2007) foram utilizados para a análise. Os valores médios para os elementos aqui utilizados incluem iodo = 2,4; Mo = 1,8; Zn = 62; As = 4,7; Pb = 25; Co = 6,9; Cr = 42; Ba = 362; Ni = 18; Sr = 147 e Sc = 9,5.

O fator de contaminação e o nível de contaminação avançados inicialmente por Hakanson (1980) e modificados por Chakravarty e Patgiri (2009) e vários outros trabalhadores, universalmente utilizados, são apresentados no quadro seguinte;

Fator de contaminação	Nível de contaminação
Cf < 1	Baixa contaminação
1 ≤ Cf < 3	Contaminação moderada
3 ≥ Cf < 6	Contaminação considerável
Cf > 6	Contaminação muito elevada

4.4.1 CF e PLI em Obi Soil

As medições dos valores de CF dos solos na área de estudo mostraram que, no solo de Obi, todos os locais de amostragem tinham CF no intervalo zero (figura 61), indicando baixa ou nenhuma contaminação dos elementos (Mo, Zn, As, Co, Cr, Cu, Ba, Sr e Sc) na área. No entanto, em quatro locais em redor do poço de carvão 2, o iodo (I) e o níquel (Ni) apresentaram valores de CF > 1. O iodo apresentou valores de CF que variaram entre 36,4 a norte do poço e 108,2 também no extremo norte do poço de carvão 2. O níquel apresentou um valor de CF de 2, o que indica uma contaminação moderada. Esta gama de CF superior a seis relatada para o iodo indicou uma contaminação muito elevada de iodo no norte do poço de carvão Obi 2, sugerindo a origem antropogénica da poluição. O índice de carga de poluição para o iodo em todos os locais foi de 1 (um), indicando que não havia poluição do solo na área.

4.4.2 CF e PLI no solo de Keana

Na área de Keana, tal como na de Obi, o iodo teve o CF mais elevado em comparação com os outros elementos. O CF para o iodo no nordeste de Keana, em Okpalaga, deu um intervalo de 3,6 a 228,6, representando os valores mais elevados de CF na área de estudo (Figura 62) e indicando uma contaminação muito elevada, enquanto as localizações na vizinhança da ponte de Giza deram um intervalo de 5 a 200,4, indicando uma contaminação moderada a muito elevada para o iodo. Estas tendências de contaminação seguem uma direção NE-SW e são comuns nos solos em torno dos rios (Mada e Okpalaga), o que sugere que os elementos foram lixiviados e transportados das áreas de elevada altitude adjacentes e depositados nestes locais, como evidenciado pelas elevadas actividades de meteorização que caracterizam este eixo da área de estudo. Outros elementos que apresentaram CF > 1 incluem o arsénio e o crómio (com 1< CF < 3), indicando contaminação moderada. O cádmio, o cobre, o cobalto, o crómio, o bário e o estrôncio, no entanto, deram CF = 0, indicando um nível de contaminação baixo ou não considerável. O índice de carga poluente (PLI) para as localidades de Keana situou-se no intervalo de 0-1, o que significa um ambiente normal não poluído, de acordo com o PLI.

4.4.3 CF e PLI em solos de Awe e Azara

O fator de contaminação em Awe e Azara seguiu mais ou menos uma tendência semelhante à da zona de Keana, onde o iodo apresentou >6 CF. Com exceção de três localizações, todas no eixo de Mahanga, a norte de Awe, todas as outras localizações apresentaram valores zero de CF para o iodo. Todos os outros elementos (Mo, Zn, As, Pb, Co, Cu, Cr, Ba, Ni e Sr) também apresentaram CF de zero, exceto o arsénico (CF=1,21) na localização 105, a nordeste de Awe, indicando que a área de Awe não estava poluída quando se considera Cf. O índice de carga de poluição para a área de Azara não mostrou poluição na maioria das localizações, a área de Awe estava poluída em algumas localizações em torno das áreas de Mahanga e Jangerigeri.

4.4.4 CF e PLI em sedimentos de cursos de água

O iodo em Keana e Azara tinha Cf = 35,47 e 34,8, respetivamente, indicando que todos se encontravam nos níveis de contaminação muito elevados. Além disso, o zinco, o cobalto e o crómio (1 < Cf < 3) apresentavam uma contaminação moderada, enquanto o níquel se situava entre os níveis de contaminação moderado (2,7 em Azara) e muito elevado (7,54 em Keana). O Mo, o Pb, o Zn, o As, o Cu, o Ba, o Sr e o Sc apresentaram Cf = 0, o que define uma situação ambiental de não contaminação. Curiosamente, o índice de carga poluente para as zonas de Azara e Keana foi de 1, indicando a ausência de poluição.

4.4.5 CF e PLI em águas subterrâneas e superficiais

À semelhança do seu elevado índice de geo-acumulação, o arsénio apresentou valores de CF muito elevados, superiores a 6, em todos os locais; Azara (CF=18,48), Obi (CF=17,07), Keana (16,78) e Awe (16,01) nas águas subterrâneas (Quadro 29). Isto indica que as águas subterrâneas na área de estudo registaram uma contaminação muito elevada por arsénio. O elemento manteve esta contaminação muito elevada nas águas superficiais, com valores de CF ligeiramente inferiores, que também foram superiores a seis na classificação de CF.

O selénio apresentou um CF muito mais baixo (em comparação com o arsénio), entre 3 e 6, em todos os locais (CF=8,29 em Azara, 7,18 em Keana, 7,14 em Awe e 6,46 em Obi), indicando que as águas subterrâneas estavam consideravelmente contaminadas por selénio. O estado do CF do selénio nas águas superficiais em todos os locais era muito inferior ao das águas subterrâneas; situava-se entre 3 e 6 em Obi (4,09) e Awe (3,68) com um CF muito inferior em Keana (2,97) e Azara (0,09) (Quadro 30). Isto mostrou que o selénio nas águas superficiais de Obi e Awe apresentava uma contaminação moderada, enquanto na zona de Azara a contaminação era muito baixa. O zinco, tanto nas águas subterrâneas como nas águas superficiais da zona de Keana, apresentava um valor de CF > 6 (CF = 7,22 e 6,11, respetivamente), indicando uma contaminação muito elevada, mas o valor de CF nas outras zonas (Awe, Azara e Obi) era inferior a 1, indicando uma contaminação baixa nessas zonas. O chumbo e o níquel, tal como o zinco, têm ambos CF entre um e três em Keana. O chumbo manteve este estatuto em todos os outros locais, tanto para as águas subterrâneas como para as águas superficiais, mas o níquel apresentou um estatuto de CF inferior a um em todos os locais e nos dois grupos de amostras (águas subterrâneas e águas superficiais). Isto indica que o chumbo está moderadamente contaminado em todas as zonas, ao passo que o níquel apresentou uma contaminação baixa em todas as zonas, exceto em Keana. O cádmio, o crómio, o cobre, o molibdénio e o bário apresentavam um nível de CF inferior a 1 em todos os locais, o que indica uma contaminação reduzida.

O índice de carga poluente (PLI) para as águas subterrâneas e superficiais na área de Keana mostrou que a maioria dos locais tinha PLI entre 0-1, indicando meios normais ou não poluídos. No entanto, alguns locais (água de nascente à volta da lagoa salgada) tinham um PLI > 1, o que indica alguma anomalia. Um PLI médio de 0,56 para as águas superficiais e de 1,03 para as águas subterrâneas indicava uma ligeira poluição das águas subterrâneas, enquanto as águas superficiais eram normais.

O PLI para as águas subterrâneas e superficiais de 0,84 e 0,57, respetivamente, no Obi indica que ambas não estavam poluídas. Os mesmos níveis (0,82 e 0,42) foram registados para as águas na zona de Awe. O PLI para Azara, no entanto, apresentou 1,02 e 0,82, indicando poluição e ausência de poluição para as águas subterrâneas e superficiais, respetivamente. Assim, em resumo, as águas subterrâneas em Keana e Azara registaram alguma poluição, enquanto as águas de superfície na maioria das zonas não estavam poluídas.

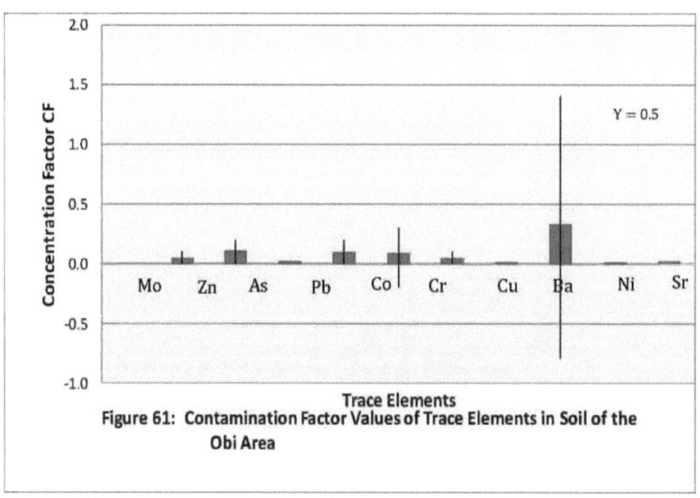

Figure 61: Contamination Factor Values of Trace Elements in Soil of the Obi Area

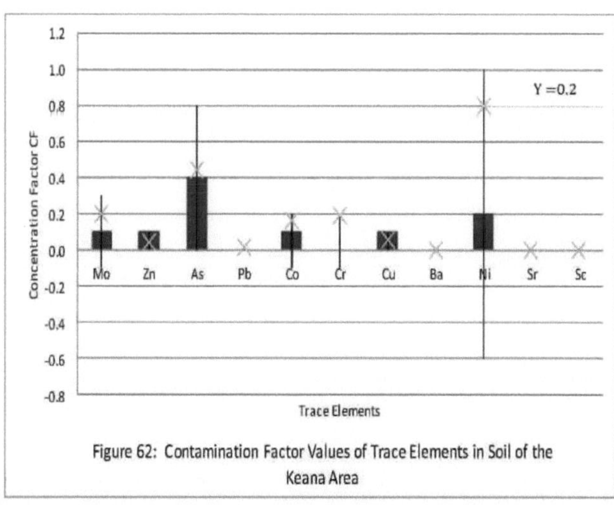

Figure 62: Contamination Factor Values of Trace Elements in Soil of the Keana Area

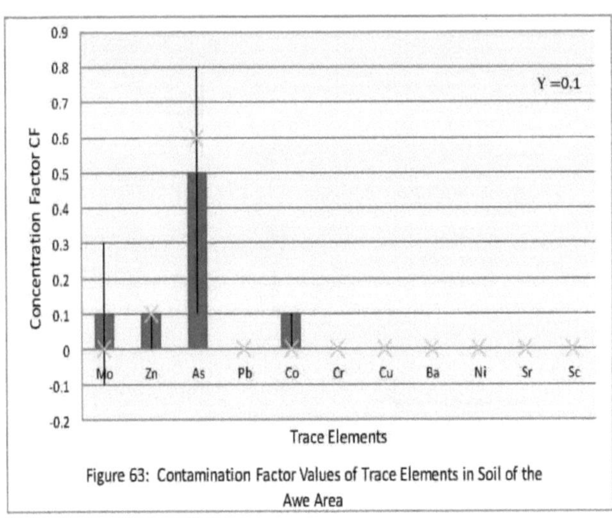

Figure 63: Contamination Factor Values of Trace Elements in Soil of the Awe Area

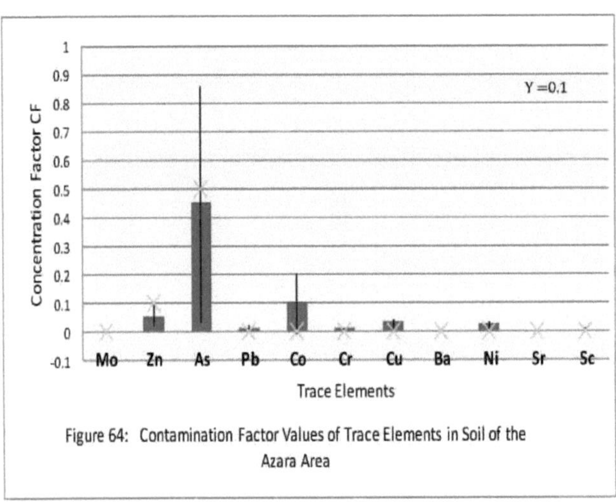

Figure 64: Contamination Factor Values of Trace Elements in Soil of the Azara Area

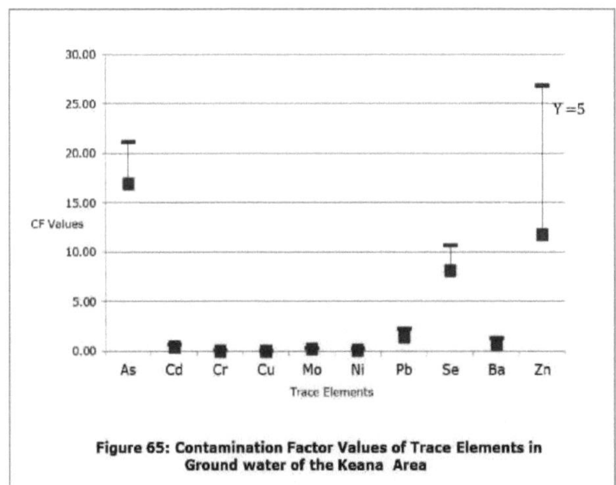

Figure 65: Contamination Factor Values of Trace Elements in Ground water of the Keana Area

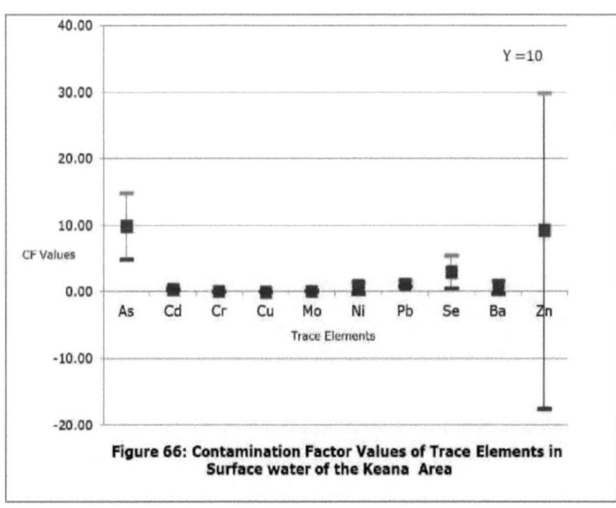

Figure 66: Contamination Factor Values of Trace Elements in Surface water of the Keana Area

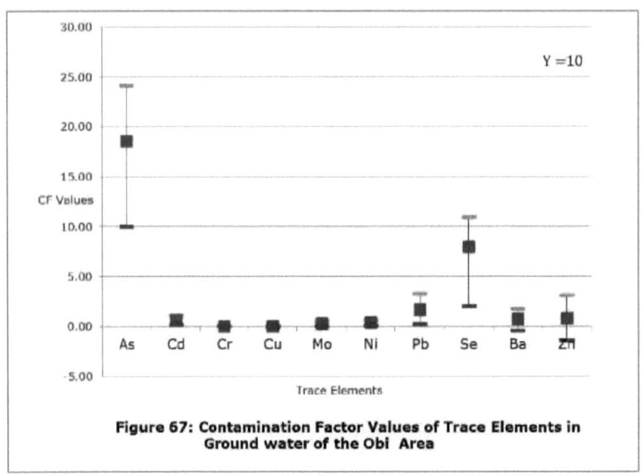

Figure 67: Contamination Factor Values of Trace Elements in Ground water of the Obi Area

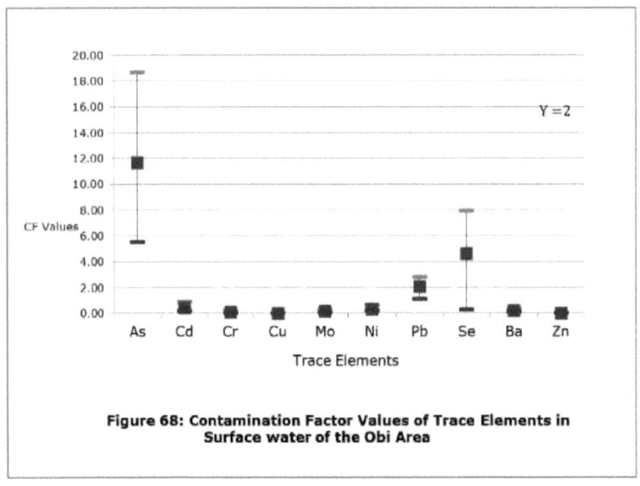

Figure 68: Contamination Factor Values of Trace Elements in Surface water of the Obi Area

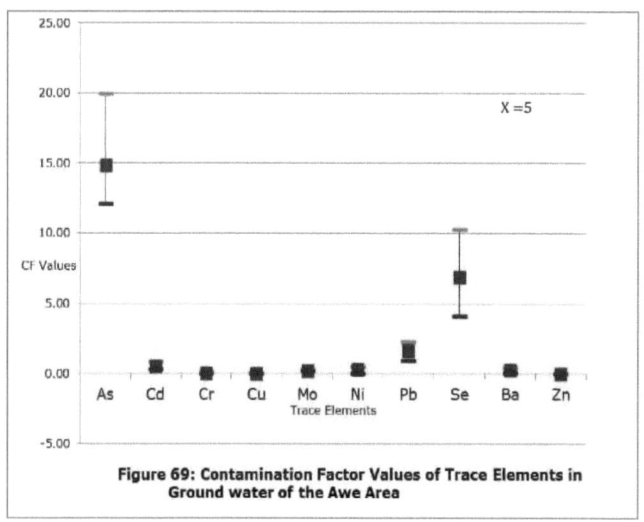

Figure 69: Contamination Factor Values of Trace Elements in Ground water of the Awe Area

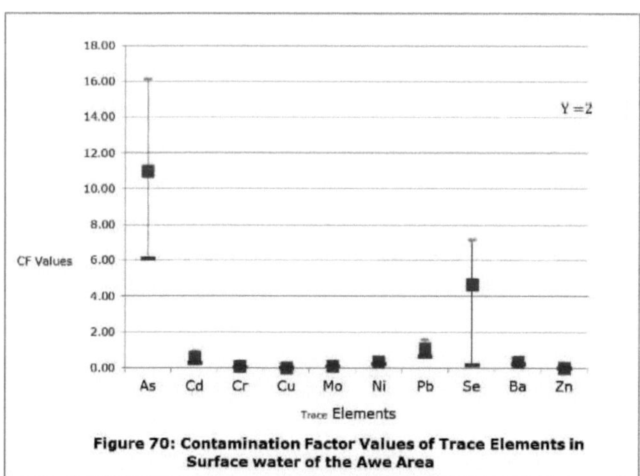

Figure 70: Contamination Factor Values of Trace Elements in Surface water of the Awe Area

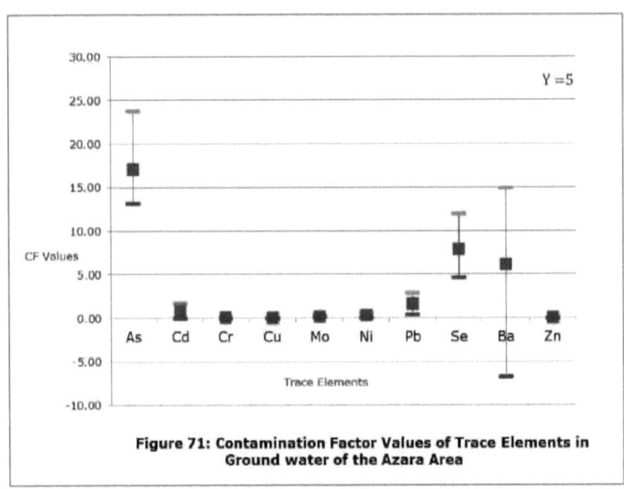

Figure 71: Contamination Factor Values of Trace Elements in Ground water of the Azara Area

Tabela 29: Valores médios de CF e PLI em águas subterrâneas

ELEMENTOS	KEANA	OBI	AWE	AZARA	S.D
Como	16.78	17.07	16.01	18.48	0.89
Cd	0.42	0.60	0.57	0.81	0.14
Cr	0.04	0.05	0.04	0.07	0.01
Cu	0.00	0.02	0.00	0.02	0.01
Mo	0.22	0.25	0.20	0.23	0.02
Ni	1.16	0.34	0.22	0.29	0.38
Pb	1.49	1.74	1.60	1.59	0.09
Se	7.18	6.46	7.14	8.29	0.66
Ba	0.71	0.64	0.23	4.08	1.55
Zn	7.22	0.82	0.00	0.01	3.02

S.D = Desvio padrão

Tabela 30: Valores médios de CF e PLI em águas superficiais

ELEMENTOS	KEANA	OBI	AWE	AZARA	S.D
Como	9.83	12.09	11.10	16.87	2.66
Cd	0.40	0.52	0.58	0.78	0.14
Cr	0.06	0.10	0.07	0.09	0.02
Cu	0.00	0.01	0.00	0.01	0.01
Mo	0.13	0.13	0.11	0.17	0.02
Ni	0.55	0.40	0.36	0.40	0.07
Pb	1.21	1.95	1.13	3.33	0.88
Se	2.97	4.09	3.68	0.09	1.56

Ba	0.71	0.19	0.37	4.31	1.69
Zn	6.11	0.00	0.00	0.00	2.65

S.D = Desvio padrão

4.5 AVALIAÇÃO UTILIZANDO A CORRELAÇÃO E OS PRINCIPAIS ANÁLISE DE COMPONENTES

Os dados de campo obtidos neste estudo foram objeto de análise através da correlação de Pearson, bem como da utilização da Análise de Componentes Principais (ACP) **4.5.1 Correlação de Pearson**

A hipótese de correlação é utilizada para determinar se existe uma relação estatisticamente significativa entre duas variáveis quaisquer, neste caso, dois oligoelementos quaisquer. A correlação neste estudo foi investigada utilizando o coeficiente de correlação de Pearson.

A correlação de Pearson (também designada por coeficiente de correlação linear - r), foi

utilizado devido à necessidade de ser mais preciso e objetivo, e não subjetivo. O coeficiente de Pearson foi utilizado para medir a força da correlação linear entre os elementos vestigiais dos eixos y e x.

A correlação de Pearson (r) é calculada utilizando;

$$r = \frac{n\sum xy \;-\; (\sum x)(\sum y)}{\sqrt{n[(\sum x^2 \;-\; (\sum x)\;]}\;\sqrt{n[(\sum y^2)-(\sum y)\;^2]}} \text{ ----- (5)}$$

A notação da fórmula acima foi utilizada para produzir as tabelas 31 a 35. O valor de r deve estar sempre próximo de +1 e -1 para que haja uma boa relação.

A tabela de correlação múltipla dos elementos foi apresentada para Obi, Awe, Azara e Keana, respetivamente, nas tabelas 31-35. Em Obi (Quadro 31), considerando r para os testes de duas caudas, registou-se uma correlação significativa entre Ni e Cr (r = .998), Co e Ni (r = .775) e Ni e Co (.786). Os gráficos para a zona de Awe (Quadro 32) revelaram uma correlação positiva significativa entre Zn e Pb (r = 0,714), Pb e Cu (r = 0,796), Pb e Ba (r = 0,847), Co e Ba (r = 0,918), enquanto se registou uma correlação negativa em Awe entre Mo e Cr, As e Co, Ni e As.

A correlação no solo da área de Azara (Tabela 33) mostrou uma correlação positiva significativa entre Pb e Cu (r = .864), Ba e Pb (r = .774) e Zn e Sr (r = .732). Foi observada uma correlação negativa entre o Zn e o Co (r = - .719), o As e o Cr (r = - .714) e o Sr e o I (r = - .713). Os gráficos de correlação para o solo de Keana (tabela 34) mostraram uma correlação significativa elevada entre Ni e Cr (r = 1,0), Pb e Co (r = 0,812), Co e Cu (r = 0,859). A correlação foi significativa ao nível de 0,01, bicaudal. A relação entre duas variáveis é o coeficiente de correlação que mostra como uma variável prevê a outra. A correlação múltipla (r) está associada ao coeficiente de correlação e mostra a percentagem de variância das variáveis dependentes e independentes. Um coeficiente de correlação elevado, próximo de +1 ou -

1, indica uma boa relação entre as duas variáveis, enquanto um coeficiente de correlação próximo de zero (0) indica uma relação negativa ou inexistente. Valores positivos de r indicam uma relação positiva e valores negativos indicam uma relação inversa.

As diferentes correlações estavam de acordo com as relações esperadas dos elementos em termos das suas caraterísticas físico-químicas que descrevem a área de estudo, juntamente com a mineralização Pb-Zn-Cu generalizada que tem associações elevadas de Pb, Zn, Cu, As e Ba. As correlações e associações positivas observadas para estes elementos (Pb, Zn, Cu, As, Cd e Ba) eram esperadas devido à presença de mineralização de sulfuretos na área. O cádmio e o arsénico, por exemplo, são frequentemente encontrados e associados ao Pb (Southerland, 2000), relacionados com a mineralização de Pb-Zn e Ba nas áreas de Awe-Azara e Keana, tal como a associação de Ni e Cr na área de Obi. As relações são uma função da mobilidade dos elementos e das caraterísticas físico-químicas como Eh, pH, quantidade de húmus, propriedades da argila, etc.

Tabela 31: Tabela de correlação de elementos no solo de Obi

	I		**Mo**	**Zn**	**Como**	**Pb**	**Co**	**Cr**	**Cu**	**Ba**	**Ni**
	Pearson (Corr)	1	.a	-.007	.446	-.239	-.205	-.180	-393	-.080	-.170
I	Sinal (bicaudal)		-	-	.127	.432	.503	.557	.184	.795	.578
	N	13	13	13	13	13	13	13	13	13	13
	Pearson (Corr)	.a	-a	.a	-a	-a	-a	.a	.a	.a	.a
Mo	Sinal (bicaudal)	-		-	-	-	-	-	-	-	-
	N	13	13	13	13	13	13	13	13	13	13
	Pearson (Corr)	-.007	-a	1	-231	-.113	-260	-.262	.638*	-108	-226
Zn	Sinal (bicaudal)	.981	-		.448	.714	.391	.387	.019	.725	.459
	N	13	13	13	13	13	13	13	13	13	13
	Pearson (Corr)	.446	-a	.231	1	-.282	-.318	-.250	-295	.160	-233
Como	Sinal (bicaudal)	.127	-	.448		.350	.289	.410	.328	.602	.445
	N	13	13	13	13	13	13	13	13	13	13
	Pearson (Corr)	-.239	.a	-.113	-282	1	-330	.252	.546	.527*	.217
Pb	Sinal (bicaudal)	.432	-	.714	.350		.271	.406	.054	.041	.476
	N	13	13	13	13	13	13	13	13	13	13
	Pearson (Corr)	-.205	-A	-260	-318	.330	1	.773**	.476	-148	.786**
Co	Sinal (bicaudal)	.503	-	.391	.289	.271		.002	.100	.630	.001
	N	13	13	13	13	13	13	13	13	13	13
	Pearson (Corr)	-180	.a	-.282	-.250	.252	.775**	1	-019	-240	.998**
Cr	Sinal (bicaudal)	.557	-	.387	.410	.406	.002		.951	.429	.000
	N	13	13	13	13	13	13	13	13	13	13
	Pearson (Corr)	-.393	.a	.638	-.295	.546	.476	-.019	1	-143	-017
Cu	Sinal (bicaudal)	.184	-	.019	.328	.054	-100	.951		.641	.957
	N	13	13	13	13	13	13	13	13	13	13
	Pearson (Corr)	-.080	.a	-.108	-160	.572	-.148	-.240	-.143	1	-262
Ba	Sinal (bicaudal)	.795	-	.725	.602	.041	.630	.429	.641		.387
	N	13	13	13	13	13	13	13	13	13	13
	Pearson (Corr)	-.170	.a	-.226	-.233	.217	.786	.998**	-017	-262	1
Ni	Sinal (bicaudal)	.578	-	.459	.445	.476	.001	.000	.957	.387	
	N	13	13	13	13	13	13	13	13	13	13

- A correlação é significativa ao nível de 0,05 (bicaudal).

- A correlação é significativa ao nível de 0,01 (bicaudal)

Tabela 32: Tabela de correlação de elementos no solo de Awe

	I	Mo	Zn	Como	Pb	Co	Cr	Cu	Ba	Ni
Pearson (Corr)	1	-.166	.259	-.218	-.039	.153	-..004	.230	-.008	.089
I Sinal (bicaudal)		.485	.270	.356	871	.520	.988	.330	.972	.708
N	20	20	20	20	20	20	20	20	20	20
Pearson (Corr)	-.166	1	-.036	.586**	-.160	-.241	-.549*	-.296	-.160	-.177
Sinal **Mo** (2-tailed)	.485		.883	.007	.502	.307	.012	.205	.500	.456
N	20	20	20	20	20	20	20	20	20	20
Pearson (Corr)	.259	-.035	1	.134	.714**	.402	.003	.538*	.579**	.461*
Zn Sinal (bicaudal)	.270	.883		.573	.080	.079	.990	.014	.007	.041
N	20	20	20	20	20	20	20	20	20	20
Pearson (Corr)	-.218	.586**	.134	1	-.096	-.590**	-.472	-.273	-.415	-.482*
Como Sinal (2-tailed)	.356	.007	.573		.687	.006	.036	.245	.069	.031
N	20	20	20	20	20	20	20	20	20	20
Pearson (Corr)	-.039	-.160	.714**	-.096	1	.709**	.370	.796**	.827**	.776**
Pb Sinal (bicaudal)	.871	.502	.000	.687		.000	.108	.000	.000	.000
N	20	20	20	20	20	20	20	20	20	20
Pearson (Corr)	..153	-.241	.402	-	.709**	1	.441	.630**	918**	.956**
Sinal (bicaudal)	.520	.307	.079	.590**	.000		.052	.003	.000	.000
Co N	20	20	20	.006 20	20	20	20	20	20	20
Pearson (Corr)	-004	-.549*	.003	-472*	.370	.441	1	.601**	.317	.493*
Sinal **Cr** (2-tailed)	.988	.012	.990	.036	.108	.052		.005	.173	.027
N	20	20		20	20	20	20	20	20	20
Pearson (Corr)	.230	-.296	.538*	-.273	.796**	.630**	.601**	1	.595**	.714**
Cu Sinal (bicaudal)	.330	.205	.014	.245	.000	.003	.005		.006	.000
N	20	20	20	20	20	20	20	20	20	20
Pearson (Corr)	-008	-.160	.579**	-.416	.827**	.918**	.317	.595**	1	.944**
Ba Sinal (bicaudal)	.972	.500	.007	.069	.000	.000	.173	.006		.000
N	20	20	20	20	20	20	20	20	20	20
Pearson (Corr)	.089	-.177	.461*	-.482*	.776**	.956**	.493	.714**	.994**	1
Ni Sinal (bicaudal)	.708	.456	.041	.031	.000	.000	.027	.000	.000	
N	20	20	20	20	20	20	20	20	20	20

- A correlação é significativa ao nível de 0,05 (bicaudal).

- A correlação é significativa ao nível de 0,01 (bicaudal).

Tabela 33: Tabela de correlação de elementos no solo de Azara

		I	Mo	Zn	Como	Pb	Co	Cr	Cu	Ba	Ni
	Pearson (Corr)	1	.a	-.517	.011	-.589	.152	.533	-.628	-.543	-.057
I	Sinal (bicaudal)		-	.154	.977	.095	.697	.140	.070	.131	.885
	N	9	9	9	9	9	9	9	9	9	9
	Pearson (Corr)	.a	.a	.a	.a	.a	.a	.a	.a	.a	.a
Mo	Sinal (bicaudal)	-		-	-	-	-	-	-	-	-
	N	9	9	9	9	9	9	9	9	9	9
	Pearson (Corr)	-.517	.a	1	.387	.203	-.731*	-.709*	.137	.114	.391

Zn	Sinal (bicaudal)	.154	-		.304	.600	.025	.032	.724	.770	.298
	N	9	9	9	9	9	9	9	9	9	9
	Pearson (Corr)	.011	.a	.387	1	-.465	-.721*	-.714*	-.580	-.518	-.403
Como	Sinal (bicaudal)	.977	-	.304		.208	.028	.031	.101	.153	.282
	N	9	9	9	9	9	9	9	9	9	9
	Pearson (Corr)	-.589	.a	.203	-.465	1	.337	.138	.864**	.774*	.404
Pb	Sinal (bicaudal)	.095	-	.600	.208		.376	.724	.003	.014	.281
	N	9	9	9	9	9	9	9	9	9	9
	Pearson (Corr)	.152	.a	-.731*	-.721*	.337	1	.732*	.287	.559	.083
Co	Sinal (bicaudal)	.697	-	.025	.028	.376		.025	.453	.118	.832
	N	9	9	9	9	9	9	9	9	9	9
	Pearson (Cor)	.533	.a	-.709*	-.714*	.138	.732*	1	.257	.071	.264
Cr	Sinal (bicaudal)	.140	-	.032	.031	.724	.025		.505	.856	.492
	N	9	9	9	9	9	9	9	9	9	9
	Pearson (Corr)	-.628	.a	.137	-.580	.864**	.287	.257	1	.597	.468
Cu	Sinal (bicaudal)	.070	-	.724	.101	.003	.453	.505		.090	.204
	N	9	9	9	9	9	9	9	9	9	9
	Pearson (Corr)	-.543	.a	.114	-.518	.774*	.559	.071	.597	1	.431
Ba	Sinal (bicaudal)	.131	-	.770	.153	.014	.118	.856	.090		.246
	N	9	9	9	9	9	9	9	9	9	9
	Pearson (Corr)	-.057	.a	.391	-.403	.404	.083	.264	.468	.431	1
Ni	Sinal (bicaudal)	.885	-	.298	.282	.281	.832	.492	.204	.246	
	N	9	9	9	9	9	9	9	9	9	9

- A correlação é significativa a 0,05 (bicaudal).
- A correlação é significativa ao nível de 0,01 (bicaudal).

Tabela 34: Tabela de correlação de elementos no solo de Keana

		I	Mo	Zn	Como	Pb	Co	Cr	Cu	Ba	Ni
	Pearson (Corr)	1	.362*	.133	-.007	-.238	-.150	-.008	-.054	.356*	-.002
I	Sinal (bicaudal)		.038	.481	.969	.183	.403	.965	.767	.042	.989
	N	33	33	33	33	33	33	33	33	33	33
	Pearson (Corr)	.362*	1	.198	.445*	-.175	-.230	-.113	-.269	.255	-.104
Mo	Sinal (bicaudal)	.038		.269	.009	.329	.197	.531	.130	.151	.563
	N	33	33	33	33	33	33	33	33	33	33
	Pearson (Corr)	.133	.198	1	.294	.134	.059	-.253	.394*	-.110	-.249
Zn	Sinal (bicaudal)	.461	.269		.096	.456	.745	.156	.023	.541	.163
	N	33	33	33	33	33	33	33	33	33	33
	Pearson (Corr)	-.007	.445*	.294	1	-.024	-.373*	-.165	-.329	.060	-.155
Como	Sinal	.969	*	.096		.895	.033	.360	.062	.742	.388

	(bicaudal)										
	N	33	.009 33	33	33	33	33	33	33	33	33
	Pearson (Corr)	-.238	-.175	.134	-.024	1	.812*	.337	.762*	.252	.318
Pb	Sinal (bicaudal)	.183	.329	.456	.895		*	.055	*	.158	.071
	N	33	33	33	33	33	.000 33	33	.000 33	33	33
	Pearson (Corr)	-.150	-.230	.059	-.373*	.812*	1	.372	.859*	.203	.361*
	Sinal (bicaudal)	.403	.197	.745	.033	*		.033	*	.256	.039
Co	N	33	33	33	33	.000 33	33	33	.000 33	33	33
	Pearson (Corr)	-.008	-.113	-.253	-.165	.337	.372	1	.361*	-.049	1.000**
Cr	Sinal (bicaudal)	.965	.531	.156	.360	.055	.033		.039	.787	.000
	N	33	33	33	33	33	33	33	33	33	33
	Pearson (Corr)	-.054	-.269	.394*	-.329	.762*	.859*	.361*	1	.063	.352*
Cu	Sinal (bicaudal)	.767	.130	.023	.082	*	*	.039		.768	.045
	N	33	33	33	33	.000 33	.000 33	33	33	33	33
	Pearson (Corr)	.356*	.255	-.110	.080	.252	.203	-.049	.053	1	-.057
Ba	Sinal (bicaudal)	.042	.151	.541	.742	.158	.256	.787	.768		.752
	N	33	33	33	33	33	33	33	33	33	33
	Pearson (Corr)	-.002	-.104	-.249	-.155	.318	.361*	1.000**	.352*	-.067	1
Ni	Sinal (bicaudal)	.989	.563	.163	.388	.071	.039*	.000	.045	.752	
	N	33	33	33	33	33	33	33	33	33	33

- A correlação é significativa a 0,05 (bicaudal).
- A correlação é significativa ao nível de 0,01 (bicaudal).

Tabela 35: Tabela de correlação de elementos nos sedimentos da ribeira de Keana

		I	Mo	Zn	Como	Pb	Co	Cr	Cu	Ba	Ni
	Pearson (Corr)	1	.362*	.133	-.007	-.238	-.150	-.008	-.054	.356*	-.002
I	Sinal (bicaudal)		.038	.481	.969	.183	.403	.965	.767	.042	.989
	N	33	33	33	33	33	33	33	33	33	33
	Pearson (Corr)	.362*	1	.198	.445*	-.175	-.230	-.113	-.269	.255	-.104
Mo	Sinal (bicaudal)	.038		.269	.009	.329	.197	.531	.130	.151	.563
	N	33	33	33	33	33	33	33	33	33	33
	Pearson (Corr)	.133	.198	1	.294	.134	.059	-.253	.394*	-.110	-.249
Zn	Sinal (bicaudal)	.461	.269		.096	.456	.745	.156	.023	.541	.163

	N	33	33	33	33	33	33	33	33	33	33
	Pearson (Corr)	-.007	.445*	.294	1	-.024	-.373*	-.165	-.329	.060	-.155
Como	Sinal (bicaudal)	.969	*	.096		.895	.033	.360	.062	.742	.388
	N	33	.009 33	33	33	33	33	33	33	33	33
	Pearson (Corr)	-.238	-.175	.134	-.024	1	.812*	.337	.762*	.252	.318
Pb	Sinal (bicaudal)	.183	.329	.456	.895		*	.055	*	.158	.071
	N	33	33	33	33	33	.000 33	33	.000 33	33	33
	Pearson (Corr)	-.150	-.230	.059	-.373*	.812*	1	.372	.859*	.203	.361*
	Sinal (bicaudal)	.403	.197	.745	.033	*		.033	*	.256	.039
Co	N	33	33	33	33	.000 33	33	33	.000 33	33	33
	Pearson (Corr)	-.008	-.113	-.253	-.165	.337	.372	1	.361*	-.049	1.000**
Cr	Sinal (bicaudal)	.965	.531	.156	.360	.055	.033		.039	.787	.000
	N	33	33	33	33	33	33	33	33	33	33
	Pearson (Corr)	-.054	-.269	.394*	-.329	.762*	.859*	.361*	1	.063	.352*
Cu	Sinal (bicaudal)	.767	.130	.023	.082	*	*	.039		.768	.045
	N	33	33	33	33	.000 33	.000 33	33	33	33	33
	Pearson (Corr)	.356*	.255	-.110	.080	.252	.203	-.049	.053	1	-.057
Ba	Sinal (bicaudal)	.042	.151	.541	.742	.158	.256	.787	.768		.752
	N	33	33	33	33	33	33	33	33	33	33
	Pearson (Corr)	-.002	-.104	-.249	-.155	.318	.361*	1.000**	.352*	-.067	1
Ni	Sinal (bicaudal)	.989	.563	.163	.388	.071	.039*	.000	.045	.752	
	N	33	33	33	33	33	33	33	33	33	33

- A correlação é significativa ao nível de 0,05 (bicaudal).
- A correlação é significativa ao nível de 0,01 (bicaudal).

4.5.2 Análise de componentes principais (PCA)

A Análise de Componentes Principais (ACP) é uma técnica estatística multivariada utilizada para a redução de dados para extrair componentes que descrevem a variação máxima dentro dos dados com componentes subsequentes, maximizando também a variabilidade restante não capturada pelos componentes anteriores (Abdi e Williams, 2010). Cada componente consecutivo é, portanto, independente, não relacionado e ortogonal a todos os outros. É um método que ajuda a reduzir a complexidade de conjuntos de dados em grande escala e é atualmente muito utilizado em estudos de impacto ambiental. A PCA foi utilizada por muitos autores (Facchinelli et al, 2001; Rodriguez *et al*,

2006; Lu *et al*, 2012) para identificar a origem dos metais pesados no solo e noutros meios. Esta ferramenta estatística permite simplificar a informação contida numa base de dados complexa e destacar as principais fontes que influenciam as concentrações de metais. Os resumos da PCA para o solo, as águas subterrâneas e superficiais na área de estudo são apresentados nas tabelas 36, 37 e 38, respetivamente. Na PCA, tanto o valor próprio (EV) de >1 como a carga do(s) elemento(s) superior a 0,5 são considerados significativos.

Solo

A variância cumulativa explicada no quadro 37 para o solo indica que cinco componentes principais representam 83% da variância do conjunto de dados. Isto implica que a extração dos cinco componentes principais abstrai a maior parte da informação que pode ser obtida do conjunto de dados. Estes padrões de componentes indicaram que os constituintes dos elementos vestigiais conduzem o seu agrupamento e têm as suas assinaturas ou "impressões digitais" que podem estar associadas ao material geológico através do qual o solo se formou ou através do qual as águas subterrâneas e superficiais fluíram. O primeiro componente (PC1) explicou 29,56% da variância total e apresentou carga para Ni (0,99) e Cr (0,98), enquanto o segundo componente (PC2) explicou 18,79% e apresentou carga para Zn (0,82), Sr (0,79), Cu (0,75) e Pb (0,54). O terceiro e o quarto componentes explicaram 14,9 % e 11,21 %, respetivamente, da variância total do conjunto de dados e apresentaram cargas de elementos para As (0,81), Mo (0,73) no terceiro componente e Ba (0,90), Pb (0,65) e Co (0,58) no quarto componente. O quinto componente representou apenas 8,61% e a carga de iodo (0,91), como se pode ver na tabela 37.

Água

A projeção na tabela 37 do resultado da PCA mostrou a água subterrânea com três componentes principais, explicando uma variância cumulativa de 64,44%. A primeira e a segunda componentes principais explicaram 31,22% e 18,57%, respetivamente, do conjunto de dados e mostraram cargas para Se e Mo (PC1) e I e As (PC2), enquanto a terceira componente explicou 14,65% da variância, mostrando cargas para Pb e Cd. O Quadro 38 apresenta o resultado da ACP para as águas superficiais, com duas componentes principais que explicam cumulativamente 59,96% da variância total do conjunto de dados e os elementos químicos apresentaram cargas para As, Cd, Se e Mo na PC1, enquanto a PC 2 apresentou cargas para Pb e Zn.

Os altos valores de pontuação positiva de 0,99 e 0,98 para Ni e Cr no PCI para o solo indicam anomalias geoquímicas correlacionadas com a geologia local e, com base no dendograma (figuras 72 e 73), a geologia contém xistos argilosos escuros dentro dos quais se encontra um depósito de carvão, descrevendo a área onde foi encontrada a formação Awgu. O Ni e o Cr estão associados a sedimentos que contêm carvão e, neste caso, os elementos são influenciados pela proximidade das minas de carvão da zona de Obi-Agwatashi e dos locais em redor de Awe, Okpalaga-Keana-Abuni, onde aflora a formação Awgu. O PC 2 mostrou cargas de Pb, Zn, Cu e Sr em locais dominados pela mineralização de Pb/Zn em torno de Azara, e as áreas de Keana (com minas de barita e Pb/Zn omnipresentes) parecem ser controladas pela assinatura geoquímica da mineralização de sulfureto que caracteriza a área. Os PC

3 e PC 4 com cargas de As, Ba, Pb e Co parecem estar sobrepostos em áreas semelhantes influenciadas pela mineralização de chumbo-zinco e baritina descrita anteriormente, com os três componentes espalhados no arenito e na litologia de xisto-modstone, descrevendo as formações de Keana e Ezeaku.

O primeiro e o segundo componentes principais, tanto para as águas subterrâneas como para as águas superficiais, mostraram cargas de As, Se, Mo, Cd, Pb, Zn e I. Estas estavam relacionadas com o material de origem natural e, especialmente, As, Pb e Zn, relacionados com a oxidação do sulfureto (que aumenta a mobilização e a migração de metais vestigiais), bem como com fontes antropogénicas. As águas pluviais interagem com o sulfureto alterado armazenado nas lascas de rocha e nos pedaços de minerais, gerando águas de escoamento com elevadas concentrações de metais. Além disso, os rejeitos de sulfuretos, as lamas e as águas residuais geradas durante a extração e a transformação de minerais de sulfuretos (como a pirite, a galena, a calcopirite, a arsenopirite, etc.) continham níveis elevados de Pb, Zn, As, Cd e Cu, que foram libertados no solo, nos sedimentos dos cursos de água e na água. Observou-se que as cargas metálicas são de origem pontual nos sítios mineiros e aumentam progressivamente com a proximidade dos depósitos minerais. Quando as cargas se encontram a jusante do curso de água ou longe das fontes principais, descrevem uma origem antropogénica.

Tabela 36: Matriz da análise de componentes principais (PCA) para o solo

Variáveis	Comp. 1	Comp. 2	Comp. 3	Comp. 4	Comp. 5	Comunalidades
Cr	**0.99**					0.98
Ni	**0.98**					0.98
Zn		**0.82**				0.84
Sr		**0.79**				0.79
Cu		**0.75**	-0.45			0.92
Como			**0.81**			0.74
Mo			**0.73**			0.65
Sc			-0.69		0.45	0.72
Ba				**0.90**		0.86
Pb		**0.54**		**0.65**		0.86
Co	0.42			**0.58**		0.81
I					**0.91**	0.84
EV	3.55	2.26	1.79	1.35	1.03	
VAR (%)	29.56	18.79	14.94	11.21	8.61	
CVAR (%)	29.56	48.35	63.29	74.50	83.11	

Comp. = Componente; EV = Valor próprio; VAR = Variância; CVAR = Variância acumulada

Tabela 37: Matriz da análise de componentes principais para as águas subterrâneas

Variáveis	Componente 1	Componente 2	Componente 3	Comunalidades
Zn	-0.70			0.49
Se	**0.60**		-0.45	0.67
Mo	**0.59**			0.39
I		**0.86**		0.79

Como	0.48	**0.68**		0.71
Pb			**0.78**	0.74
Cd			**0.75**	0.72
EV	2.19	1.30	1.03	
VAR (%)	31.22	18.57	14.65	
CVAR (%)	31.22	49.78	64.44	

EV = EigenValue; VAR = Variância; CVAR = Variância acumulada

Tabela 38: Matriz da análise das componentes principais para as águas de superfície

Variáveis	Componente 1	Componente 2	Comunalidades
Como	**0.87**		0.83
Mo	**0.83**		0.74
Se	**0.78**		0.69
Cd	**0.68**		0.46
I		**0.84**	0.71
Pb		0.41	0.32
Zn		**0.69**	0.21
EV	3.04	1.11	
VAR (%)	43.37	15.79	
CVAR (%)	43.37	59.96	

EV = EigenValue; VAR = Variância; CVAR = Variância acumulada

```
SOIL                                              0         5        10        15   20

5                                   CASE
Label                                      Num  +---------+---------+---------+---------+-----
---+
5  km Awe to Kakura Road             57     -+
6  km Awe to Kakura Road             58     -+
7  km Keana Giza Road                12     -+
FGGC Keana                           17     -+
5  km Awe -Mahanga Road              63     -+
2  km Awe -Mahanga Road              61     -+
2  km Azara- South                   74     -+
North of coal well 1                 36     -+
Baure Town                           59     -+
Keana old secretariat                7      -+
3  kmAzara- East side                69     -+
GidanWondo                           4      -+
2  kmKeana - Okpalaga Road           27     -+
Tarchia 1                            18     -+
3  km Awe - Mahanga Road             62     -+
9  kmKeana -  Obi Road               21     -+
1  km Awe to Mahanga Road            60     -+
Aloshi primary school                23     -+
3  km Awe to Kakura Road             55     -+
West of coal well 2                  41     -+
2  km Awe - NE Road                  50     -+
3  km South of coal well 2           42     -+
3 km from Azara                      75     -+
8  kmKeana Giza Road                 13     -+
1  kmAzara- North side               70     -+
1  km Awe - NE Road                  49     -+
Near coal well 2                     39     -+
Awe -Jangerigeri Road                47     -+
1  kmKeana-Okpalaga Road             26     -+
3  km Awe - NE Road                  51     -+---+
6  km Awe - NE Road                  53     -+   I
South of coal well 1                 35     -+   I
East of coal well 1                  37     -+   I
Behind quartz ridge                  2      -+   I
6  kmKeana-Okpalaga Road             24     -+   I
1  km North of coal well 2           31     -+   I
8  km Awe -Mahanga Road              44     -+   I
East of coal well 2                  10     -+   I
Cze Refinery                         -+   +-----------------+- - - - - - - - - - - - - I
2  kmSouth of coal well 2            43     -+   I                          I
2  km North of coal well 2           45     -+   I                          I
2  kmAzara- East side                68     -+   I                          I
5  km Awe - NE Road                  52     -+   I                          I
9  km Awe - NE Road                  54     -+   I                          I
GSS Kakura Road                      56     -+   I                          I
2  km Giza -Keana Road               9      -+   I                          I
Bortsa                               1      -+   I                          I
6  kmKeana Giza Road                 11     -+   I                          I
9  kmKeana Giza Road                 14     -+   I                          I
KN Secretariat                       5      -+---+ - - - - - - - - - - - - - - - - - - - - - -+
1  kmAlasamu Giza Road               8      -+                                I
8  kmKeana- Obi Road                 20     -+                                I
2  kmAzara – North side              71     -+                                +- - - - - - - - -
---+
7  kmKeana-Okpalaga Road             22     -+                                I
Kwaghshir village                    34     -+                                I
Awe - Jangerigeri Road               48     -+                                I
GSS Aloshi                           22     -+                                I
3  km North of coal well 2           46     -+                                I
7  km Awe- Mahanga Road              64     -+                                I
7  kmKeana - Obi Road                19     -+                                I
3  kmAzara - North side              72     -+                                I
Alasamu Bridge                       16     -+                                I
5  kmKeana - Okpalaga Road           29     -+ - - - - - - - - +              I
8  kmKeana -  Okpalaga Road          33     -+              I                 I
1  kmAzara- West side                73     -+              I                 I
South Galena Hill                    30     -+              + - - - - - - - - - - - - - - - - - -+
Okpoya Bridge                        6      -+              I
1  kmAzara- East side                67     -+              I
Dr. Alaga's house                    25     -+              I
10  km Awe -Mahanga Road             66     -+ - - - - - - - - +
3  kmKeana-Okpalaga Road             28     -+
10  km Keana Giza Road               15     -+ - - - - - - - - - - - - - - - - - - - - - - - - - - - - - - - - -
```

Figure 72: Dendograma da análise de agrupamento do solo

Ground Water

```
20              25              CASE         0          10          15
Label
-----------+----------------+          Num     +---------+-----------+-
Gidan Adidi                                     -+
Ribi                                    5       -+
Anuku                                   16      -+
Kanje Town 1                            17      -+
Kanje Town 2                            9       -+
Gidan Thuman                            10      -+
Ibi – Alago                             12      -+
Abuni                                   15      -+
Osuko Palace Obi                        14      -+
Akwete                                  20      -+
Agwatashi coal well 2                   11      -+
Agara Town                              19      -+
ZC's House                              3       -+---+
ERCC Agwatashi                          4       -+   I
Tarchia Primary School                  22      -+   I
Imon village                            2       -+   I
Utsehe                                  5       -+   I
Obi PHC clinic                          13      -+   I
--------------------+                   22      -+   +------------------------
Adudu Town 1                            25      -+   I
GidanTiza                               27      -+   I
Agbaragba                               6       -+   I
Adudu town 2                            26      -+   I
Around GSS Agwatashi                    24      -+   I
Oseshi's Palace                         28      -+---+
Odobu                                   22      -+
Keana Onarikpe                          29      -+
ERCC College Obi                        1       -+
```

Surface Water

```
20              25              CASE         0       5        10        15
   Label
------+---------+                 Num    +-----------+------------+-----------+
RafinTukurwa
Gisa Bridge                      22          -+
Adudu outskirts                  30          -+
Aseku Pond                       1           -+
Ayero                            3           -+
Ashika                           2           -+
Kekura Town                      4           -+
  River Dagu                     21          -+
Apurugh                          19          -+
RafinKoro                        10          -+
Omeri farms                      32          -+
Abuni – Keana Bridge             15          -+
AkyamaGbogbe                     31          -+
Kanje Bridge                     25          -+
Okpobi                           20          -+
Aloshi Town                      7           -+
Ugir River                       17          -+
Okpoya Bridge                    11          -+
-------------------+             12          -+------------------------------
 Around coal well                6           -+     I
Kyen                             29          -+     I
Apeele                           5           -+     I
Olosoho Entrance                 5           -+     I
Rugwagu village                  22          -+     I
East side pond                   9           -+     I
River Okpalaga                   18          -+     I
Alasamu Bridge                   14          -+     I
After Tarchia                    26          -+-----I
```

Figure 73: Dendograma da análise de clusters da água

CAPÍTULO 5

DISCUSSÃO

A área de estudo é um ambiente sedimentar, constituído por solos e sedimentos de diferentes origens. Os sedimentos derivados da meteorização das rochas continentais hospedeiras circundantes são um reflexo das suas composições químicas. Os fluxos de lava basáltica cobrem as formações sedimentares em alguns locais, com cristas de corpos de minério mineralizados, como Pb/Zn e barita. Estas mineralizações foram ainda expostas pelas actividades mineiras e pela meteorização, através da qual os materiais, quer em fase sólida quer em solução, são libertados, transportados e redistribuídos na área de estudo. Como resultado, os elementos químicos são lixiviados para as reservas de águas superficiais e subterrâneas e interagem com as condições físico-químicas predominantes no ambiente (alcalinas ou redutoras).

Neste estudo, foram analisados os níveis de concentração dos elementos, incluindo a distribuição espacial. Foram calculados índices de poluição, tais como o índice de geo-acumulação, o fator de enriquecimento, o fator de contaminação, bem como o índice de carga poluente, para determinar os níveis de contaminação, bem como os factores que controlam a concentração e a distribuição dos elementos vestigiais na área de estudo. Foram utilizadas ferramentas estatísticas multivariadas, tais como a utilização da correlação de Pearson e a análise de componentes principais, para determinar as fontes dos elementos, entre outras considerações.

5.1 NÍVEIS E TENDÊNCIAS DE CONCENTRAÇÃO DE ELEMENTOS VESTIGIAIS

5.1.1 Solos e sedimentos

Parece haver concentrações geralmente mais elevadas de certos oligoelementos (Zn, Cr, Ni, As, Pb, etc.) nas amostras de sedimentos e de solo do que nas amostras de água. Com exceção do Mo, do Cd e do Se (com concentrações muito baixas ou indetectáveis), praticamente todos os oligoelementos examinados estavam presentes no solo da zona de estudo.

Zinco (Zn)

O zinco apresentou níveis de concentração muito elevados no solo e nos sedimentos da área de estudo do que qualquer um dos metais pesados, com uma concentração superior a 1000 mg/kg em todas as áreas (Keana, Azara e Awe), exceto em Obi, onde a concentração foi menor. Os sedimentos dos cursos de água apresentaram as concentrações mais elevadas de Zn, com uma tendência crescente de este para oeste da zona de estudo; 382 mg/kg, 1082,9 mg/kg, 1157 mg/kg e 3427,91 mg/kg nas zonas de Awe, Obi, Azara e Keana, respetivamente, nos sedimentos dos cursos de água. Do mesmo modo, a concentração nos sedimentos dos lagos foi significativamente elevada, de 1593 mg/kg a 1637mg/kg em Keana e Awe, respetivamente. De facto, a concentração elevada do elemento foi observada à medida que se aproximava dos pontos mineralizados de Pb-Zn.

O elevado nível de concentração de Zn de 3427,9 mg/kg nos sedimentos e de 1218,96 mg/kg no solo em Keana e nas outras zonas (Quadros 6 e 7) pode ser atribuído ao facto de a zona de estudo ser uma "província de Pb/Zn", que suporta empresas de exploração e transformação de minerais de média e pequena escala na zona. Geoquimicamente, o zinco está mais concentrado no ambiente sedimentar, especialmente em sedimentos argilosos, mas distribuído de forma bastante uniforme noutros tipos de rochas, como o arenito. É muito móvel durante os processos de meteorização e os seus compostos facilmente solúveis são prontamente precipitados por reação com carbonatos, ou são absorvidos por minerais e compostos orgânicos, especialmente na presença de aniões de enxofre (Kabata-Pendias e Pendias, 2001). Alguns dos compostos mais comuns incluem o sulfureto de zinco (ZnS) ou esfalerite, que se encontra na área de estudo. Isto significa que o metal tem o potencial de formar uma variedade de compostos com grupos orgânicos e inorgânicos, apontando a razão para a elevada presença do elemento em sedimentos e solos e mesmo na água.

Embora o Zn seja moderadamente móvel na maioria dos solos, as fracções de argila e a matéria orgânica do solo (SOM) são capazes de reter o Zn com bastante força, especialmente em regimes de pH neutro e alcalino (Kabata-Pendias e Pendias, 2001). A isto junta-se o facto de se saber que as práticas agrícolas aumentam os teores de Zn nos solos superficiais devido à utilização excessiva de fertilizantes e outros produtos químicos que contêm Zn (Plant et al, 2004). Além disso, sabe-se que os hidróxidos de Al, Fe e Mn parecem ser importantes na ligação do Zn aos solos.

Iodo (I)

O iodo é um oligoelemento e micronutriente importante para o sistema humano, especialmente para as funções da tiroide e as capacidades mentais, e foi considerado neste estudo. O elemento não foi detectado na maior parte das amostras de solo recolhidas, mas, tal como o zinco, ocorre em concentrações elevadas em muito poucas amostras, com 1802 mg/kg e 1087 mg/kg no sedimento da lagoa e nos solos, respetivamente, da zona de Keana, como os níveis de concentração mais elevados, seguidos da sua concentração de 662 mg/kg e 332 mg/kg nos meios de amostragem (solo/sedimento) na zona de Awe, mas, em geral, ocorreu abaixo do limite de deteção em > 70% das amostras de solo (Quadros 9 - 12). O teor de iodo era muito baixo ou nulo no solo recolhido em partes de Keana (compostas por arenitos), em torno do anticlinal/colinas a leste, na zona de Kanje e também na zona de Obi-Agwatashi, onde predominam depósitos de carvão e matéria orgânica húmica, bem como em todas as amostras de solo a nordeste de Awe até às zonas de Jangerigeri, que são altamente lateríticas e vulcânicas. Além disso, o elemento não foi detectado em sedimentos de ribeiras em Azara, em águas de lagoas de Awe e em sedimentos de ribeiras em Keana, incluindo as zonas íngremes e montanhosas de Kanje e Abuni.

As amostras de sal de NaCl e mesmo as salmouras recolhidas na zona de Awe careciam de iodo. O iodo nos sedimentos dos cursos de água também diminuiu da zona de Keana (998,2 mg/kg) para a zona de Adudu (76,9 mg/kg) na direção S-N. Embora os níveis de iodo nos solos da zona de Obi fossem inferiores aos de Keana, não eram significativamente diferentes em termos de intervalo. A concentração muito baixa ou nula de iodo à volta de Keana, Okpalaga em direção ao anticlive/colinas, as zonas de

Kanje e também a zona da cidade de Abuni estão provavelmente relacionadas com o declive da zona (devido às colinas vulcânicas), que promove o escoamento rápido das águas superficiais, o que faz com que a água tenha pouco tempo para transferir o seu iodo para o solo e, por sua vez, para as águas subterrâneas.

A deficiência ambiental de iodo é a principal causa da sua endemicidade. Este facto é corroborado por Prasad e Srivatsava, 2004, que observaram um declínio acentuado da taxa de prevalência de bócio no norte de Nagpur, na Índia, de 65% em 1965 para 15% em 1985 e menos de 10% atualmente. Isto é atribuído a 1) o fornecimento de sal iodado, (2) o fornecimento de água potável de aquíferos profundos através de furos e (3) o controlo das ameaças de inundação e medidas de conservação do solo como a construção de barragens que reduziram a erosão do solo e o escoamento superficial que, por sua vez, conserva o solo superior da planície de inundação, incluindo o iodo atmosférico. Porque o iodo, para além da sua elevada concentração na água do mar, na atmosfera e nos solos ricos em matéria orgânica, entre outras fontes, também se encontra concentrado em minerais que contêm enxofre (Fuge, 1988, 2005).

Geralmente, o estado do iodo num meio de amostragem como o solo é uma combinação do fornecimento de iodo e da capacidade do solo para reter o iodo. Os solos das zonas costeiras, por exemplo, podem ter um elevado aporte de iodo, mas continuarão a ser deficientes se não conseguirem reter o iodo. O potencial de fixação de iodo (IFP) de um solo é uma mistura complexa de muitos factores que incluem o teor de matéria orgânica do solo (OM), a textura do solo, a forma química do elemento e as condições de oxidação e acidez prevalecentes (Eh/pH). O teor de iodo do solo é geralmente consideravelmente mais elevado do que o das rochas de onde provém.

A matéria orgânica (MO) desempenha um papel importante na fixação do iodo no solo e as turfas tendem a ser os solos mais ricos em iodo de todos os solos. Numa classificação textural dos solos, pode ser determinada a seguinte ordem (valor médio em microgramas por grama de iodo): turfa (7,0) > argila (4,3) > silte (3,0) > areia (2,2), (Johnson et al, 2003). No entanto, os solos ricos em matéria orgânica, embora ricos em iodo, não são bons fornecedores do elemento para a cadeia alimentar, porque o iodo é fortemente fixado pela matéria orgânica e não se torna biodisponível. Por conseguinte, os estudos ambientais relacionados com o estado de iodo da população têm de analisar a biodisponibilidade e não o iodo total.

Nos solos arenosos, o iodo não é retido. A capacidade de retenção de iodo dos solos está relacionada com a composição com matéria orgânica e com óxidos de ferro (Fe) e alumínio (Al). Por conseguinte, o iodo sorvido por estes componentes do solo é fortemente retido e verificou-se que pouco é lixiviável, pelo que, em termos gerais, este iodo fortemente retido não está biodisponível. A maioria das zonas com solos arenosos não tem iodo no solo e registou alguns casos de bócio. Nestas zonas, qualquer iodo adicionado ao solo a partir de fontes atmosféricas será rapidamente lixiviado do solo, o que significa que pouco ou nenhum iodo estará disponível para absorção pelas plantas e culturas, privando assim os seres humanos e os animais de uma fonte de iodo. Por conseguinte, é evidente que, em muitos casos, os problemas de deficiência de iodo (IDD) estão convincentemente relacionados com a biodisponibilidade do iodo nos solos e não diretamente com o fornecimento externo do elemento.

Crómio, bário e níquel

O crómio apresentou níveis de concentração elevados nos solos da zona de Obi (754 mg/kg), Keana (402 mg/l) e Awe e Azara mantiveram um intervalo de concentração baixo de 50 mg/kg (Figuras 11-14). Todas as áreas tinham valores de Cr dentro de um intervalo normal e curto, exceto a área de Obi que tem >700 mg/kg. Eichenberger e Chen (1982) relataram uma gama de 5-300 ppm para Cr em todos os solos do rio Mississippi. Referiram que o Cr se oxida facilmente em aniões complexos solúveis. A um pH de 6,5-8,5 e em condições de água natural oxigenada, o Cr (VI) é termodinamicamente estável. De um modo geral, o teor de crómio nos solos é determinado principalmente pela sua abundância no material de origem/rochas (Kabata-pendias e Pendias, 2001) e, por este motivo, são geralmente encontrados teores mais elevados nos solos derivados do solo mais argiloso e dos sedimentos do xisto (formação Awgu) na zona de Obi, do que na litologia mais arenosa das zonas de Keana e Awe. Uma relação positiva entre o Cr e a fração granulométrica fina nos solos resultou num teor de Cr mais elevado nos solos siltosos e argilosos do que nos arenosos (Kabata-Pendias e Pendias, 1999, 2001). Outros factores que influenciam a concentração de Cr incluem o teor de argila, a MOS, o pH, bem como os hidróxidos de Fe e Mn. O bário (Ba) estava concentrado no solo e nos sedimentos da área de estudo, mantendo uma concentração de 150-250 mg/kg nos solos e até 2253 mg/kg nos sedimentos dos cursos de água (Figuras 11-13 e tabelas 9-13). Exceto em Awe, com uma concentração muito baixa de Ba de 13,21 mg/kg, todas as outras áreas tinham mais de 150 mg/kg (Azara, 271 mg/kg; Keana, 262; Obi, 155 mg/kg). Os sedimentos do ribeiro de Keana apresentavam uma concentração elevada de Ba de 2253 mg/kg (Quadro 13). Não é surpreendente que o Ba tenha ocorrido tanto nas áreas mineralizadas de carvão como de barita de Obi e Azara/Keana devido à sua facilidade de co-precipitação e às suas fortes caraterísticas de sorção.

O bário é um elemento comum e bastante omnipresente com uma afinidade litófila e é suscetível de se concentrar em rochas ígneas ácidas e sedimentos argilosos, variando amplamente entre 250 e 1200 mg kg-1. Durante a meteorização, o Ba não é muito móvel porque é facilmente precipitado como sulfatos e carbonatos, e também fortemente adsorvido por argilas (Finkelman, 1999). O teor de Ba nos carvões varia entre 75 e 330 mg kg-1, mas nalguns carvões de lenhite pode ser concentrado até 1420 mg kg-1 (Churey *et al*, 1989). Os minerais naturais mais comuns são a barite, BaSO4, e a whiterite, BaCO3, que ocorre com relativa frequência. Além disso, o Ba ocorre em alguns minerais de silicato como impurezas. Em solos de zonas de clima temperado húmido, o Ba pode ser fixado por óxidos hidratados de Fe e Mn e tornar-se imóvel. O bário proveniente de fontes aéreas e de fertilizantes com P pode influenciar um aumento constante deste metal nos solos rurais de algumas regiões.

O níquel ocorreu em alta concentração nos solos da área de Obi, com concentrações muito baixas nas outras áreas. Os solos das zonas de Obi e Keana tinham um teor de Ni mais elevado do que as suas concentrações nas zonas de Azara e Awe. Este facto deve-se provavelmente ao elevado teor de argila (elevado teor de montmorilonite), elevado teor de matéria orgânica e elevado teor de óxidos de Fe e Mn (o solo da zona de Obi é altamente lateritizado), sendo a limonite e a goetite os principais constituintes do solo em redor de Obi e Keana. A concentração de Ni nos sedimentos dos cursos de água da zona de Keana era de 1776 mg/kg, o que faz dela a concentração mais elevada de Ni na zona de estudo. Após a meteorização, a maior parte do Ni é co-precipitado com óxidos de Fe e Mn, sendo incluído na goetite, limonite e noutros minerais de Fe. Está também associado a carbonatos, fosfatos e silicatos. A matéria orgânica apresenta uma forte capacidade de absorção de Ni, pelo que é provável que esteja altamente concentrado em depósitos de carvão, caraterísticos da área de Obi. Esta concentração é aparentemente um efeito da precipitação de Ni como sulfuretos em sedimentos sob condições redutoras. O estado do Ni nos solos é altamente dependente do seu conteúdo nas rochas-mãe. No entanto, a concentração de Ni nos solos de superfície reflecte o impacto adicional dos processos de formação do solo e da poluição. De facto, observa-se que há teores ligeiramente elevados de Ni nos solos de áreas cultivadas em comparação com amostras de solos de áreas não cultivadas, o que indica poluição. Os solos de todo o mundo contêm Ni numa gama muito ampla de 0,2 a 450 mg kg^{-1} . O intervalo de fundo comum dos teores médios de Ni varia entre 19 e 22 mg kg^{-1} mas foram citados vários valores, entre 20 e 40 (Adriano 2001). Em geral, a mobilidade do Ni está inversamente relacionada com o pH do solo. Este facto é claramente demonstrado por Siebielec e Chaney (2006), que relataram uma diminuição drástica da capacidade de extração do Ni a um pH do solo superior a 6,5.

O níquel tornou-se recentemente um poluente grave, libertado pelo processamento de metais e pelo aumento das emissões provenientes da extração e processamento de carvão. Também algumas lamas de depuração e fertilizantes fosfatados podem ser fontes importantes de Ni nos solos agrícolas. O cobalto e o cobre têm concentrações baixas nas amostras de solo e de sedimentos da zona de estudo.

Arsénio (As)

No solo, a concentração de arsénio variou de local para local dentro de um intervalo estreito de 11,53 mg/kg em Obi, 39,38 mg/kg em Keana, 45,19 mg/kg em Awe e até 49,20 mg/kg em Azara. Esta tendência crescente da concentração de As de Obi para Azara é consistente e atribuível às intensidades crescentes das mineralizações de Pb-Zn e barite com tendência NE-SW que caracterizam a área. No entanto, os sedimentos das lagoas tinham uma concentração muito mais elevada de 85,45mg/kg em Awe e 110,88 mg/kg em Keana, apresentando uma das concentrações mais elevadas de arsénio no solo da área de estudo. Os sedimentos dos cursos de água apresentavam concentrações de arsénio muito elevadas em alguns locais: área de Apurugh em Obi-135 mg/l e rio Asuku em Awe- 194,30 mg/kg. A concentração mais elevada de As nas zonas de Awe/Azara, em comparação com as zonas de Keana/Obi, pode ser atribuída à intensidade geralmente mais elevada da mineralização de chumbo-zinco no eixo Awe/Azara e às actividades de meteorização associadas (como a extração mineira, a desnudação, etc.), bem como ao baixo Ph/Eh da água (em Keana e Obi), que tende a tornar o As mais móvel, tendo as águas de Azara e Awe valores de Ph mais elevados.

O arsénico na área de estudo parece ser derivado de várias fontes, incluindo reacções naturais de dissolução/dessorção, água geotérmica e, claro, actividades mineiras. A principal e mais importante fonte de arsénio (e, na verdade, de uma série de outros metais pesados e de transição associados) está associada a veios e fracturas, bem como à oxidação de minerais de sulfureto (o arsénio é elevado nos minérios de sulfureto), particularmente através de actividades mineiras. A reação de oxidação da pirite pelo oxigénio para produzir ferro ferroso dissolvido e sulfato é vista como;

$$\mathbf{FeS_2 + 2O_2 + H_2O \longrightarrow Fe^{2+} + 2SO_4{}^{2-} + 2H}$$

E do mesmo modo para a oxidação da arsenopirite como;

$$\mathbf{4FeAsS + 13O_2 + 6H_2O \longrightarrow 4Fe^{2+} + 4AsO_4{}^{2-} + 12H^+}$$

Com cada um destes minerais, além da libertação de ferro, sufato e arsénio para a solução, a reação também gera acidez que mantém o ferro e muitos metais vestigiais em solução. Por conseguinte, as águas afectadas pela oxidação por sulfuretos apresentam geralmente concentrações elevadas destes constituintes.

O arsénio em solos com pH neutro não é muito móvel e as condições em que se verifica a melhor adsorção no solo são os pH 3,5, 5,3 e 7. O arsénio é mais móvel em valores de pH elevados devido à forma aniónica do As, que é dominante. Outros factores que desempenham um papel na mobilidade do As são a presença de óxidos de Fe e Al livres, a razão pela qual o As é mais móvel em solos arenosos; os solos argilosos têm consideravelmente mais óxidos de Fe e Al que podem ligar o arsénio. O potencial redox também é importante na mobilidade do As, sendo o As reduzido no estado de oxidação III quatro a dez vezes mais solúvel do que a forma V. O envenenamento por arsénio pode provocar sintomas cutâneos, bronquite, gastroenterite e cancro. Pode resultar em cancro da pele e dos pulmões 20-30 anos após a primeira ocorrência de sintomas (IPCS, 1999). A concentração de arsénio na área de estudo, em todos os grupos de amostras, está muito acima dos limites permitidos pela OMS e por todas as outras normas internacionais e nacionais. Esta situação exige uma investigação mais aprofundada e planos para mitigar o solo e a água potável já contaminados com arsénio.

Chumbo (Pb)

O chumbo apresentou consistentemente concentrações moderadas a elevadas tanto nos sedimentos como no solo de todas as zonas. As concentrações mais elevadas de Pb registaram-se nos sedimentos dos cursos de água, com um aumento progressivo de 73,90 mg/kg na zona de Awe, 81,76 mg/kg na zona de Azara e 105,38mg/kg na zona de Keana. Os solos apresentaram níveis de concentração de Pb de 44,85mg/kg, 49mg/kg 51,25mg/kg nas zonas de Azara, Keana/Awe e Obi, respetivamente. Os sedimentos das lagoas, por outro lado, apresentaram concentrações mais baixas de Pb, de 20,77 mg/kg e 29,71 mg/kg.

Uma comparação das concentrações de Pb nos cristais de sal processados e não processados de Awe revelou uma diferença insignificante na concentração de 25,9 mg/kg e 24,48 mg/kg, respetivamente, o que significa que o elemento não pode ser completamente adsorvido ou retido pelos materiais argilosos utilizados, como se verificou com outros oligoelementos, como o iodo e o selénio. O teor natural de Pb nos solos provém das rochas-mãe e da mineralização de Pb-Zn. A sua abundância nos sedimentos é função do teor da fração argilosa, pelo que os sedimentos argilosos contêm mais Pb do que as areias, os arenitos e os calcários. O valor médio global de Pb para diferentes solos nos EUA e na Índia foi calculado como sendo, em média, de 25 mg/kg (Kabata-Pendias e Pendias 2001). Harada, 1996, citou a concentração de Pb em solos não poluídos como sendo inferior a 100 mg /kg. O chumbo não se distribui uniformemente nos horizontes do solo e revela uma grande associação com hidróxidos, especialmente de Fe e Mn. As suas concentrações em nódulos e concreções de Fe-Mn podem ser muito elevadas, até 20.000 mg/kg (Kabata-Pendias e Sadurski, 2004). Também pode estar concentrado em partículas de carbonato ou fosfato. O chumbo é geralmente acumulado perto da superfície do solo, principalmente devido à sua sorção pela matéria orgânica do solo (SOM). A mobilização do Pb é normalmente lenta, mas alguns parâmetros do solo, como o aumento da acidez e a formação de complexos orgânicos de Pb, podem aumentar a sua solubilidade. O chumbo dessorvido para a solução do solo pode deslocar-se facilmente dos horizontes superiores para os inferiores, causando a poluição das águas subterrâneas (Alumaa *et al,* 2002). Alguns autores salientaram que a fixação de Pb por SOM é mais importante do que a fixação por óxidos hidratados (Li e Shuman, 1996). Nas zonas mineiras, o Pb pode ser disperso devido à erosão e à meteorização química dos rejeitos. A gravidade destes processos depende das caraterísticas químicas e dos minerais presentes nos rejeitos (Da Silva 2004).

Molibdénio (Mo)

O molibdénio estava presente em muito poucas amostras de sedimentos e de solo (25 de 109) e manteve uma gama de concentrações estreita, de 0,82 mg/kg a 1,45 mg/kg, nos sedimentos de cursos de água e no solo da zona de Keana; 1,18 mg/kg a 1,36 mg/kg na zona de Awe, com ausência total nas amostras da zona de Azara para o mesmo tipo de amostra. O Mo não foi detectado na maioria das amostras de rocha recolhidas, bem como nas amostras de sedimentos e solos de Obi e Azara. Relativamente aos solos, foi calculada uma média global de 1,8 mg/kg de Mo, mas a sua concentração nos solos variou entre 0,82 e mais de 5,87 mg/kg (Kadunas et al, 1999). Esta gama de concentrações globais de Mo é coerente com os valores obtidos nas zonas de estudo, que variam entre 1,61 mg/l no solo e 5,87 mg/kg nos sedimentos (quadros 6 e 7). A presença de Mo em quantidades apreciáveis no solo e nos sedimentos deve-se à sua capacidade de formar oxianiões e à sua elevada afinidade com o enxofre e elementos afins em condições redutoras (Fang e Huang, 2003). Co-precipita facilmente na presença de matéria orgânica e CaCO3, juntamente com Fe e Mn e outros catiões como Cu, Zn e Pb. Nos solos, o Mo é suscetível de formar vários compostos e/ou minerais, como o PbMO4 (wulfenite), e pode também formar facilmente tiomolibdatos solúveis em condições redutoras, sendo todos eles altamente dependentes das condições de Eh-pH prevalecentes.

Selénio (Se)

Noventa e oito por cento das amostras de solo e sedimentos não continham selénio, o que torna o elemento "muito escasso" ou baixo, especialmente no solo. Apenas alguns sedimentos de lagoas tinham Se. Nas amostras de água, contudo, o elemento foi encontrado em >85% das amostras, mesmo ligeiramente acima do teor normal de fundo de 0,035 mg/l. O teor muito baixo de selénio no solo pode ser atribuído ao elevado teor de matéria orgânica, que tem uma forte tendência para formar complexos organometálicos e que remove o selénio da solução do solo, ou a outras razões que podem ser a questão dos goitrogénios, inibindo a sua ocorrência. O selénio está associado e é mais enriquecido em solos com fração argilosa, pelo que o seu teor em sedimentos argilosos é significativamente mais elevado do que em arenitos e calcários (Kataba Pendias, 2004). Os solos arenosos desenvolvidos em condições climáticas húmidas têm um teor de Se muito baixo ou mesmo indetetável (Antapaitas et al. 2004; Eurola *et al.* 2003; Kataba-Pendias e Pendias 2001). Além disso, a matéria orgânica tem uma forte tendência para formar complexos organometálicos que removem o Se da solução do solo. Nakamaru *et al.* 2005 verificaram que 80100% do teor total de Se foi absorvido.

Os teores de Se nos solos e a sua mobilidade têm sido objeto de grande atenção, especialmente em países onde foi reconhecida a sua deficiência nos seres humanos e nos animais. No entanto, o teor elevado de Se no solo em algumas regiões, devido a factores geoquímicos e antropológicos, também tem sido motivo de grande preocupação. Normalmente, o Se lábil na maioria dos solos e o Se depositado atmosfericamente nos solos são rapidamente lixiviados para as águas subterrâneas (Haygarth 1994), o que explica talvez a razão pela qual o solo da área de estudo é deficiente em Se. Estas são talvez algumas das razões para o teor muito baixo ou nulo de Se nos solos da zona de estudo. Os sedimentos dos cursos de água são, portanto, pobres na acumulação de selénio, porque são maioritariamente arenosos (isto é exemplificado pelas concentrações muito baixas nos sedimentos dos cursos de água de Keana, Awe e Azara), em comparação com os sedimentos dos lagos, que têm argila, pela sua natureza de formação/acumulação. Todas as amostras de salmoura quente com temperatura entre 40-61° C não detectaram selénio, o que se verificou nas amostras de água de nascente de Awe e Akiri. Outros factores que controlam o comportamento do Se incluem o Eh e o pH. Também pode ser que, uma vez que a maioria das amostras de solo foram recolhidas em terras agrícolas cultivadas, as práticas agrícolas possam ter virado para baixo a camada superior do solo e enterrado em profundidade através de gradagem e lavoura, colocando assim o elemento abaixo dos níveis em que as amostras foram recolhidas (a profundidade de recolha do solo foi entre 6-15 cm). Também se pode esperar uma elevada mobilidade do selénio em solos com PH e Eh elevados e, inversamente, uma baixa mobilidade em solos com elevado teor de hidróxidos, matéria orgânica e fracções granulométricas de argila. O quadro 59 abaixo mostra os factores que afectam a mobilidade do selénio (segundo Kataba Pendias, 1998).

Concentrações elevadas de selénio estão associadas a alguns xistos negros ricos em orgânicos, carvões e mineralização de sulfuretos. No entanto, os resultados para a saúde não dependem apenas do teor total de selénio dos solos ou rochas, mas também do selénio biodisponível, que é absorvido pelas plantas e animais. Além disso, mesmo os solos que contêm um teor adequado de selénio total produzem culturas deficientes em selénio se este não estiver numa forma disponível ou pronta para ser absorvido pelas plantas e, por conseguinte, transferido para o homem e os animais. O selénio é um constituinte vital da enzima biologicamente importante glutatião peroxidase (GSH-PX), que actua como anti-oxidante, evitando a degeneração oxidativa das células. Nos animais, a deficiência de selénio tem sido associada a fraqueza muscular, redução da apatite, crescimento deficiente e fraca capacidade reprodutiva, descrita como doença da boca branca (DMB). A deficiência de selénio também tem sido implicada na incidência de uma doença cardíaca chamada doença de Keshan (KD) em seres humanos em várias partes da China. A deficiência de selénio também afecta negativamente o metabolismo das hormonas da tiroide, o que é prejudicial para o crescimento e o desenvolvimento. Além disso, a deficiência de selénio tem sido implicada numa série de doenças como o cancro, as doenças cardíacas, o funcionamento do sistema imunitário e a reprodução. Estas ligações são mais óbvias em regiões do mundo onde as populações locais estão diretamente dependentes do ambiente local para a alimentação, água, necessidades do solo, etc. As actividades naturais (como nas rochas, vulcões) e artificiais, bem como as fontes antropogénicas, contribuem para a libertação de selénio no ambiente. Os compostos de selénio são libertados para o ambiente durante a combustão de carvão e de combustíveis petrolíferos, durante a extração e o processamento de Cu, Pb, Zn e fosfato. O elemento é também libertado para o ambiente pela utilização de fertilizantes fosfatados, estrume e pesticidas/fungicidas.

Quadro 39: Factores que afectam a mobilidade do selénio

PARÂMETRO DO SOLO		ESPÉCIES DE SELÉNIO	MOBILIDADE
	Elevado	Selenatos	Elevado
PH:	Moderado	Selenitos	Moderado
	Baixa	Selenetos	Baixo
	Elevado	Selenites	Elevado
	Oxidação	Selenetos	Baixo
	Baixa oxidação Alto teor	Absorveu todas as formas de Se	Baixo
Hidróxido (Fe, Mn)		Ligeira absorção	Elevado
	Baixo teor Não decaído	Absorveu todas as formas de Se	Baixa
Matéria orgânica: Decomposta (turfa)		Complexos	Elevado
Aumento da bio-metilação		Volatilizado	Elevado
	Conteúdo elevado	Absorveu todas as formas de ver	Baixa
Argilas:			
	Baixo conteúdo	Solúvel em todas as formas de Se	Elevado
Interação com S, N e P		Efeitos antagónicos	Bastante baixo

Depois de Kataba Pendias, 1998

Como o selénio escapa como gases de alta temperatura durante a atividade vulcânica, a sua concentração em rochas como os basaltos é geralmente muito baixa (Jacobs, 1989; Nriagu 1989; Neal, 1995). Este facto pode ser claramente observado nas amostras recolhidas em Abuni, Kanje e nas colinas de galena de Keana da área de estudo. As rochas sedimentares, como o xisto, por outro lado, têm mais selénio do que as rochas ígneas e também se encontram frequentemente em minerais de sulfureto. Foram registados solos capazes de produzir vegetação rica em selénio, tóxica para o gado, sobre xisto negro.

5.1.2 Águas subterrâneas e superficiais

Para além do iodo, que tinha níveis de concentração de 18,80 mg/l e 21,34 mg/l nas amostras dos poços escavados (os valores dos furos são mais baixos) de Obi e Keana, respetivamente, o arsénio tinha concentrações mais elevadas nas amostras de água subterrânea do que os outros oligoelementos na área de estudo (Figuras 19 e 20). Nas águas subterrâneas, o iodo apresentou a concentração mais elevada de todos os oligoelementos, com 21,34 mg/l na zona de Keana, seguido de uma concentração de 18,80 mg/l na zona de Obi, tendo Azara e Awe a concentração mais baixa de 5,60 mg/l e 1,52 mg/l, respetivamente, nas amostras de águas subterrâneas (furos). As amostras de águas superficiais apresentavam concentrações de iodo inferiores às das águas subterrâneas e variavam entre 4,60 mg/l em Keana e 6,52 na zona de Obi (Quadros 8 e 9). As águas superficiais foram provavelmente o melhor índice do estado de iodo de um ambiente, embora os distúrbios de deficiência de iodo ocorram em áreas onde os níveis de iodo eram relativamente elevados.

O iodo na água representa a forma móvel do elemento (e, por conseguinte, biodisponível). Os primeiros trabalhos efectuados nos EUA e no Reino Unido, bem como a OMS, sugerem um nível limite de 0,25 mg/l na água, abaixo do qual um ambiente é considerado deficiente em iodo. Os estudos que analisaram as águas de consumo de uma série de estudos sugerem que os poços artesianos ou profundos são os mais enriquecidos em iodo em comparação com outras massas de água de superfície (Johnson *et al,* 2003). O iodo está essencialmente presente em três formas: o iodo elementar (I), o anião iodeto (I^-) e o anião iodato ($IO3^-$). O iodato é a forma termodinamicamente estável do iodo inorgânico na água alcalina oxigenada, enquanto o iodeto, a espécie reduzida, se encontra num estado metaestável. Existe uma variação considerável do rácio $I/IO3^-$ com a profundidade, com I^- enriquecido em águas superficiais e empobrecido em águas mais profundas. Esta é talvez a razão pela qual os casos de bócio foram encontrados em torno de Obi e Kanje (placa 25) em áreas com consumo de lagoas e poços rasos, em comparação com a área de Keana e os arredores de Azara, onde as pessoas bebiam de fontes mais profundas (furos e poços profundos). O iodeto (I^-) é a forma mais móvel de iodo no solo e é mais facilmente absorvido pelas plantas do que o iodato ($IO3^-$). As condições ácidas do solo favorecem o iodeto, enquanto as condições alcalinas oxidantes (como os solos finos e secos das zonas calcárias) favorecem as formas menos solúveis de iodato. Pensa-se assim que o aumento do iodo nas águas superficiais e nas águas pouco profundas da plataforma se deve à elevada atividade biológica nessas zonas. No entanto, alguns mecanismos abiológicos podem também estar envolvidos na conversão do iodato em iodeto. Uma vez formado, o iodeto só lentamente é re-oxidado em iodato (Chen *et al*, 2001).

Arsénio (As)

O arsénico apresentou uma concentração média de 0,13 mg/l na água das zonas de Awe, Obi e Keana (figura 21), com uma concentração ligeiramente mais elevada de 0,39 mg/l à volta de Odobu, na zona de Obi. A água dos ribeiros e dos lagos apresentou uma concentração média de 0,10 mg/l em Obi e Keana, com uma média inferior de 0,08 mg/l na água da nascente da zona de Keana. Observou-se um aumento da concentração de arsénio na água dos furos e dos poços escavados, de 0,13 mg/l em Keana e Azara (furos) para 0,19 mg/l em Obi, e para 0,23 mg/l em Keana para os poços escavados (quadro 8). Verificou-se um ligeiro aumento notável na concentração de arsénio com a profundidade, com uma concentração geralmente maior de As em Keana em todas as amostras de água, em comparação com outras áreas. A manutenção de uma concentração de >0,1mg/l nas amostras de água subterrânea e superficial em Awe e Azara não é alheia à intensidade da mineralização de Pb/Zn nessas áreas, bem como à intensidade dos processos de meteorização. Esta concentração é quase dez vezes superior ao limite permitido pela OMS e pela SON de 0,01mg/l. De acordo com as tendências, as águas superficiais apresentaram valores mais baixos de 0,16 mg/l em Azara e 0,10 mg/l em Keana. A concentração de Azara foi a maior concentração de arsénio nas águas superficiais (Figura 20). O nível de concentração de As aumentou de 0,19 mg/l na zona de Obi para 0,23 mg/l em Keana para a água de furos. Na água de poços escavados, o As aumentou de 0,09 mg/l na zona de Obi, 0,13 mg/l nas zonas de Keana e Azara para 0,15 mg/l na zona de Awe (Quadro 8). O pH baixo e o Eh reduzido aumentam a mobilidade do arsénio, ao passo que, em condições de forte redução, a formação de minerais de sulfureto controla a concentração de arsénio ((Mandal, Roychodhury, Samanta, Basu, Chowdhury e Chandra 1996); Bissen e Frimmel, (2003).

Selénio (Se)

A concentração de selénio na área de estudo, tal como na maioria dos ambientes geológicos, é variável, dependendo do meio de amostragem. Praticamente todas as diferentes amostras de água (obtidas de furos, poços escavados, lagoas, riachos, nascentes e concentrado ou solução de salmoura) têm selénio em concentrações variáveis. O elemento apresentou valores médios de selénio de 0,07 mg/l em Keana, 0,06 mg/l em Obi e 0,03 mg/l nas áreas de Azara (Tabela 8) nos furos, mostrando uma ordem decrescente de Keana para Azara; uma tendência SW - NE. A concentração com a profundidade mostrou que era mais elevada nos poços escavados (mais profundos do que os furos), como se viu em Obi (0,08 mg/l) e em Keana (0,12 mg/l). O aumento progressivo da concentração observado na área de Keana, à medida que a profundidade aumenta, mostra 0,03 mg/l na água do tanque (da superfície até cerca de 1 m de profundidade), 0,05 mg/l no furo (que tem 32 m de profundidade) e 0,12 mg/l no poço escavado (que tem 71 m de profundidade). Embora se observe um ligeiro aumento da concentração com a profundidade, há uma diferença insignificante nas concentrações de selénio nas águas superficiais (lagoas e ribeiros) em Awe, tendo-se mantido entre 0,03 mg/l e 0,05 mg/l. Esta tendência de concentrações mantém-se de forma semelhante na zona de Azara, com uma média de 0,01 mg/l - 0,03mg/l para as amostras de água. Outra tendência visível é também observada no aumento da concentração de selénio a partir do extremo norte da área de estudo em torno de Azara e em direção ao extremo sul (Figura 24). A concentração na água da lagoa em Azara era 0,083 mg/l mais elevada do que em Obi 0,016 mg/l, Awe (0,045mg/l) e Keana (0,03mg/l). Isto deve-se ao facto de o Se estar frequentemente associado a minerais de sulfureto como a calcopirite, a esfalerite e a galena (Kataba-

Pendias, 1998) e ser facilmente acumulado em xistos betuminosos (Plant *et al.* 2004) como os encontrados na área de Obi do que em arenitos encontrados em Keana. As águas subterrâneas contêm geralmente mais Se do que as águas superficiais. Também as águas de áreas salinas e seleníferas em algumas zonas áridas de vários países (por exemplo, EUA, China, Paquistão e Venezuela) podem conter Se > 2000 µg l- 1 (Plant *et al.* 2004). Estas são talvez algumas das razões para o teor muito baixo ou nulo de Se nos solos da área de estudo. Todas as amostras de salmoura quente com temperatura entre 40-61° C não detectaram selénio, o que se verifica nas amostras de água de nascente de Awe e Akiri.

Chumbo (Pb)

Os valores de chumbo (Pb) nas águas correntes apresentaram uma concentração de Pb de 0,12 mg/l nas áreas de Keana e Awe (Quadro 9), sendo esta a concentração mais elevada de Pb nas águas da área de estudo. O elemento apresentou uma concentração média de 0,02 mg/l nas águas subterrâneas de Awe e Azara, enquanto Keana manteve uma concentração de 0,012 mg/l tanto em furos como em poços escavados, com Obi a apresentar 0,001 mg/l (Quadro 5). Os locais com as concentrações mais elevadas de Pb foram observados em Gidan Tiza em Obi (0,088 mgl/l) e Azara (0,032 mg/l). De facto, todas as amostras da zona de Azara se situavam entre 0,023 mg/l e 0,038 mg/l, o que representa um aumento progressivo das águas subterrâneas para as águas superficiais. Os valores de Keana mantiveram uma concentração de 0,012 mg/l tanto nos poços escavados como nos furos, enquanto Awe e Azara mantiveram uma concentração de 0,022 mg/l apenas nos poços escavados (Quadro 5). A concentração de Pb na água do tanque em Azara (0,034 mg/l) foi mais elevada do que a concentração em Obi (0,021 mg/l), Keana (0,013 mg/l) e Awe (0,013 mg/l). A elevada concentração de Pb nas áreas de Awe e Azara não é alheia à intensidade da mineralização de Pb/Zn que ocorre na área, bem como às actividades de extração e processamento de minerais anteriormente referidas. Numa área de mineralização de Pb, a concentração de Pb pode ser dez vezes superior à de uma área não mineralizada. Perto de fontes pontuais, é de esperar uma concentração elevada de Pb na água do rio. A água do poluído rio Ogunpa (Nigéria), por exemplo, contém Pb a 9,8 µg l^{-} 1, numa gama de 1,3-46 µg l^{-1} (Monbesshora et al. 1983). Estas e outras razões podem explicar as concentrações de Pb nas águas subterrâneas e de superfície em Azara e Awe, que têm mais concentrações de Pb (0,22 mg/l) do que em Obi (0,001 mg/l) para as águas subterrâneas; e 0,34 mg/l em Azara e 0,02 mg/l em Obi, respetivamente, para as águas de superfície.

O chumbo não se dissolve, mas a água, o ar e a luz solar alteram os seus compostos. Adere às partículas do solo e entra nas águas subterrâneas ou na água potável. A exposição ao Pb dá-se sobretudo através da água potável, da respiração de ar ou poeiras poluídas e até da ingestão de alimentos contaminados cultivados em solos com elevado teor de Pb. O Pb é tóxico a níveis de exposição muito baixos. De facto, mesmo as doses mais baixas podem prejudicar o sistema nervoso e afetar o feto, os bebés e as crianças pequenas, resultando na diminuição do QI (ONU, 1998). Pode também causar cancro, pelo que é classificado como um agente cancerígeno para o ser humano.

Molibdénio (Mo)

O molibdénio estava presente em praticamente todas as amostras de água, com concentrações que variavam entre 0,01 mg/l e 0,04 mg/l nas águas subterrâneas (furos e poços escavados) e uma concentração geralmente consistente de 0,01 mg/l em todas as águas superficiais (águas de lagos e ribeiros). Esta concentração ligeiramente decrescente de 0,01 mg/l em todas as amostras de águas superficiais (águas de lagos e ribeiras), exceto na zona de Keana, onde a concentração de Mo atingiu 0,007 mg/l (Quadro 9), sugere um aumento da concentração da superfície para as águas subterrâneas com a profundidade. As zonas de Awe e Azara têm ambas uma concentração de Mo de 0,01 mg/l nos furos, enquanto as zonas de Keana e Obi têm ambas uma concentração de Mo de 0,02 mg/l nos poços escavados.

O Mo é relativamente facilmente solúvel e facilmente co-precipitado pela matéria orgânica, para além do Fe e do Mn, por vários outros catiões como o Cu, o Zn e o Pb. O nível de fundo de Mo nas águas subterrâneas é calculado em 0,005mg/l, enquanto o limiar recomendado de concentração de Mo na irrigação é de 0,01mg/l (Vermes, 1989) e o limite sanitário para o Mo na água potável é de 0,007mg/l (OMS, 2004). Com exceção da concentração de 0,07 mg/l de Mo na água do ribeiro da zona de Keana, o molibdénio manteve uma concentração de fundo de 0,01 mg/l na maior parte dos locais amostrados.

Cádmio (Cd)

O cádmio estava concentrado apenas em amostras de água e rocha, mas completamente ausente no solo e nos sedimentos (quadros 6 e 7). As concentrações de cádmio nas águas da área de estudo situavam-se geralmente entre 0,001 mg/l e 0,004 mg/l. Tanto a água dos furos como a dos poços escavados mantiveram uma concentração de 0,001 mg/l em Keana, 0,002 mg/l nas zonas de Awe e Obi, com exceção da zona de Azara, que tinha uma concentração de Cd de 0,004 mg/l (Quadros 8 e 9), representando a mais elevada da zona de estudo. Nas águas de superfície, a concentração de Cd nas águas dos lagos aumentou progressivamente de 0,001 mg/l, 0,002 mg/l e 0,003 mg/l em Obi, Keana e Azara/Awe, respetivamente, numa tendência SW-NE (quadro 9), enquanto as águas das nascentes e dos ribeiros mantiveram uma concentração de Cd de 0,001 mg/l. O cádmio é muito móvel em condições oxidantes e grande parte dele está associado a colóides, pelo que uma grande proporção ocorre na solução do solo e nas águas (Christensen e Huang, 1999). O seu teor é determinado pela textura do solo, pelo que se concentra raramente em solos arenosos ligeiros e em solos argilosos pesados, mas sobretudo nas águas. Existe um consenso geral de que um aumento da solubilidade e, por conseguinte, da disponibilidade dos metais é acompanhado de uma diminuição do pH que afecta a concentração de Cd nos solos, o que explica provavelmente a ausência total de Cd nos solos da zona de estudo. O Pb, o As e o Cd encontram-se entre as 20 substâncias prioritárias e mais perigosas da Agência dos Estados Unidos para o Registo de Substâncias Tóxicas e Doenças (ATSDR). O Cd ocorre na esfalerite, um mineral sulfureto que está a ser extraído em toda a área de estudo, com concentrações acima do limite admissível da OMS (0,001mg/l) nas áreas de Awe e Azara, com 0,003mg/l e 0,004mg/l, respetivamente.

Zinco (Zn)

O zinco (Zn) não foi detectado nas águas de furos, poços escavados e lagos de Awe, Keana e Obi, exceto em muito poucos locais. A sua concentração era muito baixa (nas poucas amostras em que ocorreu), com uma concentração média de 0,007 mg/l na água do ribeiro em torno da área de Abuni e algumas concentrações muito elevadas na água do furo de Utsehe (23,17 mg/l) e Imon (13,91 mg/l) em toda a área de Adudu de Obi. Esta concentração é 5 a 7 vezes superior à concentração permitida pela OMS em águas de consumo e de irrigação. É importante referir aqui que o Zn tem geralmente uma concentração muito baixa nas águas naturais e é muito solúvel, contribuindo assim para a sua depleção fácil na água, juntamente com as intensas actividades de meteorização que caracterizam a área de estudo. O zinco pode entrar nas águas a partir de numerosas fontes, incluindo a drenagem de minas, resíduos industriais, etc., mas a maior entrada ocorre a partir da erosão de partículas do solo que contêm Zn (USEPA, 2003). Nos lagos, rios e estuários, o Zn está ligado a hidróxidos, minerais de argila e outros materiais sedimentares.

5.1.3 Salmoura e cristais de sal

Os cristais de sal (NaCl), tanto processados como não processados, apresentaram concentrações mais elevadas de oligoelementos do que as concentrações registadas no filtrado de salmoura e na salmoura de nascentes quentes nas localidades de Awe e Akiri da área de Azara. Os níveis de zinco nos cristais de sal apresentavam concentrações elevadas de 1665 mg/kg e 1125 mg/kg, respetivamente para cristais transformados e não transformados. O arsénio e o estrôncio apresentavam as concentrações mais elevadas a seguir, com o Sr a ter 414 mg/kg e 172 mg/kg no cristal de sal transformado e não transformado, respetivamente. A concentração de arsénio também se situava na ordem dos 182 mg/kg e 103 mg/kg para os cristais processados e não processados. A elevada concentração neste meio deveu-se ao facto de os cristais serem um filtrado direto de materiais de solo e argila do campo de salmoura.

A concentração de bário nos cristais não transformados (91,38 mg/kg) foi quatro vezes superior à dos transformados (20,83mg/kg), indicando a perda do elemento durante a transformação, enquanto o selénio (Se) e o chumbo (Pb) mantiveram uma gama mais ou menos estreita de concentração nos cristais; 57mg/kg e 64 mg/kg para o selénio e 24 mg/kg e 25 mg/kg para o chumbo. As concentrações médias de Mo, Cu, Cr, Co e Ni são de 13,97 mg/kg, 5,75 mg/kg, 4,55 mg/kg, 1,85 mg/kg e 1,45 mg/kg, respetivamente, numa ordem decrescente, tendo o escândio e o iodo as concentrações mais baixas de 0,02 mg/kg e <DL (não detetável), respetivamente, nos cristais de sal. Mais uma vez, a ausência de iodo nos cristais de sal estará relacionada com a aplicação ou utilização de materiais argilosos durante o processo rudimentar de peneiração da produção de sal. A argila é bem conhecida pela sua caraterística de fixação do iodo e, por conseguinte, é provável que retenha todo o iodo na mistura solo/argila, tornando-o indisponível nos cristais de sal (Neal, 1995).

Exceptuando o cobre e o iodo na zona de Akiri (com concentrações elevadas de 23,43 mg/kg e 6,43 mg/kg, respetivamente), as amostras das nascentes de salmoura quente das zonas de Awe e Akiri apresentaram uma gama baixa e estreita de concentrações de elementos vestigiais. O arsénio tinha uma concentração média mais elevada de 0,16 mg/l e 0,04 mg/l em Awe e Akiri, respetivamente. As salmouras de Awe apresentaram uma concentração de Se de 0,05 mg/l e uma concentração média moderada de Pb e Mo de 0,007 mg/l. O cádmio e o cobalto tinham ambos uma concentração média de

0,002 mg/l, enquanto o Ni, Sr, Zn e Sc tinham concentrações abaixo do limite de deteção. É importante referir aqui que, ao contrário dos cristais de sal, o iodo estava presente nas amostras de salmoura quente da cidade velha de Awe (6,43 mg/l) e de Akiri (2,77 mg/l).

5.2 AVALIAÇÃO DO GRAU DE POLUIÇÃO/CONTAMINAÇÃO

A medição dos índices de poluição foi feita para avaliar a extensão da influência dos factores naturais e antropogénicos na ocorrência e distribuição dos diferentes elementos vestigiais nas áreas de Awe, Azara, Keana e Obi, onde esta investigação foi realizada. Foram analisados o índice de geoacumulação (Igeo), o fator de enriquecimento (EF), o fator de contaminação (CF) e o índice de carga poluente (PLI) no solo/sedimentos, na água, nas salmouras e nos cristais de sal.

5.2.1 Índice de Geo-acumulação (Igeo)

Solos e sedimentos

Um resumo (Quadros 11-14) do índice de geo-acumulação de todos os metais pesados no solo da área de estudo revelou que o iodo, o zinco e o arsénio têm valores Igeo mais elevados, indicando mais poluição no solo do que os outros oligoelementos. O valor Igeo >6 para o iodo em Awe, Azara, Keana e Obi representa o nível mais elevado de geo-acumulação e indica que o solo está extremamente poluído. O zinco foi o metal pesado mais acumulado na zona de Azara, com um Igeo de 3-4, indicando que o solo está fortemente poluído, o mesmo acontecendo em Keana e Awe (Igeo 3-4), indicando uma forte poluição, enquanto Obi, com um valor de Igeo 2-3, revela uma poluição moderada a forte. Esta tendência era esperada devido à natureza e intensidade da mineralização de Pb-Zn na área de estudo, que parece ser maior nas áreas de Azara, Keana e Awe do que em Obi, e também devido à intensidade da meteorização, às condições físico-químicas disponíveis e a outras explicações.

O arsénio estava também mais concentrado (Igeo 2-3) em Azara e Awe (2-3) do que em Keana (1-2) e Obi (0-1), por ordem decrescente de poluição (moderadamente poluído, fortemente poluído e não poluído). A maior acumulação de arsénio, especialmente na área de Azara, está relacionada com a sua associação e ocorrência em áreas mineralizadas de Pb-Zn. A acumulação de chumbo (Pb) mostra que o solo está não poluído a moderadamente poluído em todas as áreas com Awe, Azara, Obi e Keana (Igeo 0-1). Esta tendência foi observada mesmo quando se esperava que Azara tivesse mais poluição por Pb do que todas as outras. O cobalto, o cobre, o crómio, o bário, o níquel e o estrôncio situavam-se entre o Igeo não poluído (Awe e Keana) e o Igeo moderadamente poluído (Obi).

No entanto, os solos de Obi e Keana estavam fortemente poluídos e moderadamente poluídos por crómio, enquanto não estavam poluídos a moderadamente por cobalto em todas as zonas. O níquel em Obi (Igeo 5.9) estava fortemente poluído a extremamente poluído em Obi e Keana, mas não estava poluído a moderadamente poluído nas outras zonas. O cobre, o bário e o estrôncio (Igeo 0-1) estavam geralmente não poluídos (Keana, Awe) e não poluídos a moderadamente poluídos (Obi e Azara). O solo de todas as zonas do estudo estava praticamente não poluído em relação ao molibdénio. Tendo em conta o que precede, parece que todas as zonas estavam extremamente poluídas em relação ao iodo do que em relação aos outros oligoelementos, seguidos do arsénio e do zinco (o Zn estava particularmente poluído em todas as zonas, exceto em Obi) e do níquel em Obi e Keana. A Tabela 37 abaixo é um resumo do índice de geo-acumulação dos solos na área de estudo.

Tabela 40: Resumo do índice de geo-acumulação do solo

ELEMENTO	OBI	KEANA	AWE	AZARA
Mo	Não poluído	Não poluído para moderadamente poluído	Não poluído para moderadamente poluído	Não poluído
Zn	Moderadamente poluído até fortemente poluído	Fortemente poluído	Fortemente Poluído	Fortemente poluído
Como	Não poluído para moderadamente poluído	Moderadamente poluído	Moderadamente poluído fortemente poluído	Moderadamente poluído a fortemente poluído
Pb	Não poluído para moderadamente poluído	Não poluído para moderadamente poluído	Não poluído para moderadamente poluído	Não poluído para moderadamente poluído
Co	Não poluído para moderadamente poluído	Não poluído para moderadamente poluído	Não poluído para moderadamente poluído	Não poluído para moderadamente poluído
Cr	Fortemente poluído	Moderadamente poluído	Não poluído para moderadamente poluído	Não poluído para moderadamente poluído
Cu	Não poluído para moderadamente poluído	Não poluído para moderadamente poluído	Não poluído para moderadamente poluído	Não poluído para moderadamente poluído
Ba	Não poluído para moderadamente poluído	Não poluído para moderadamente poluído	Não poluído para moderadamente poluído	Não poluído para moderadamente poluído
Ni	Fortemente poluído a extremamente poluído	Moderadamente poluído até fortemente poluído	Não poluído para moderadamente poluído	Não poluído para moderadamente poluído
Sr	Não poluído para	Não poluído	Não poluído	Não poluído para

moderadamente poluído	moderadamente poluído

Águas subterrâneas e superficiais

Tanto as águas subterrâneas como as águas superficiais da área de estudo estavam poluídas com arsénio, mas as águas subterrâneas estavam mais poluídas com o elemento (Quadros 15 e 16). Em todos os locais, o arsénio estava fortemente poluído, com um Igeo entre 3 e 4. Awe e Keana foram os locais menos poluídos com arsénio nas águas subterrâneas e superficiais, respetivamente. Em contraste com o nível moderado de poluição das águas subterrâneas (por selénio com Igeo=2), as águas superficiais não estavam, em geral, poluídas pelo elemento em todos os locais, exceto em Azara, que tem Igeo=2 como nas águas subterrâneas. O selénio e o iodo são dois elementos essenciais cuja ocorrência na água potável é de interesse, tendo em conta a sua importância para a saúde. A água nas áreas não estava poluída por zinco, uma vez que o elemento ocorreu dentro do nível Igeo 0-1, indicando não poluído a moderadamente poluído. No entanto, o zinco apresentava Igeo=2 nas águas superficiais e subterrâneas da zona de Keana, indicando poluição moderada. O bário estava no nível de poluição moderada apenas em Azara, as outras áreas não estavam poluídas com Ba. Os outros elementos (Cd, Pb, Cr, Cu, Mo, Ni) tinham um Igeo próximo de zero e, por conseguinte, as águas superficiais e subterrâneas não estavam poluídas.

5.2.2 Fator de enriquecimento (EF)

Solo

Os solos de todas as localizações da área de estudo foram examinados utilizando o Fator de Enriquecimento (EF) e indicaram que o solo em Obi tem um enriquecimento menor ou mínimo de Mo, As e Ba, mas foi extremamente enriquecido em Cr e Ni. O zinco e o estrôncio estavam nos níveis de enriquecimento grave a moderado, enquanto o solo estava moderadamente enriquecido em Pb e Cu. Em Keana, o solo estava extremamente enriquecido em Zn e As, com os outros metais pesados (Mo, Pb, Co, Cr, Cu e Ni) nos níveis de enriquecimento moderado a grave. Os níveis de enriquecimento em Awe eram semelhantes à tendência de enriquecimento observada em Keana, exceto que em Awe o Ba e o Ni se encontravam nos níveis de enriquecimento mínimo a moderado no solo, respetivamente. O solo estava moderadamente enriquecido em Co, Cu e Cr nas zonas de Obi, Keana e Awe, enquanto os solos de Azara estavam extremamente enriquecidos com estes elementos. O solo de todas as zonas apresentava um enriquecimento mínimo em Mo. No que diz respeito às questões dos efeitos dos oligoelementos na saúde, o solo estava extremamente enriquecido com arsénio em todos os principais locais, exceto em Obi. Os três Cs (Co, Cu e Cr) estavam todos moderadamente enriquecidos em Awe e Keana. O enriquecimento extremo de metais pesados, especialmente Zn, As, Pb, Cr, Co e Cu no solo de Azara não foi inesperado, devido à intensidade da mineralização de Pb-Zn e barita na área e em torno dela. Acredita-se que esta área seja o epicentro dos eventos tectónicos que tiveram lugar na Calha Média do Benue (MBT), resultando na colocação dos minerais do tipo veios hidrotermais encontrados na área, juntamente com as intensas actividades de meteorização que dominam a área.

Para além do facto de estes oligoelementos estarem estreitamente associados a um ambiente mineralizado de Pb-Zn e barite, os elementos são referidos na tabela periódica como elementos de transição. Estes elementos têm uma caraterística única que é o facto de apresentarem valências variáveis e, por conseguinte, a tendência para formar compostos de coordenação com outros elementos como o Fe, o Al e o Mn e tendem a ser mais enriquecidos no solo do que na água.

O iodo, por outro lado, foi carateristicamente enriquecido no solo devido à fixação ou adsorção por uma série de factores que incluem a fração de argila, a matéria orgânica do solo, as condições de pH/Eh prevalecentes, etc.

Os elementos vestigiais com valores de EF inferiores a 1,0 e próximos de 1,0 são minimamente enriquecidos e indicam que o solo contém elementos provenientes predominantemente do material crustal e/ou de processos de meteorização (Zhang e Liu, 2002), ao passo que os solos com valores de EF muito superiores a 1,0 são extremamente, severamente ou moderadamente enriquecidos e apresentam uma origem antropogénica dos elementos (Szefer et al., 1996). A variação nos valores de EF do solo de diferentes áreas pode dever-se à diferença na magnitude da entrada de cada metal no solo e/ou à diferença na taxa de remoção de cada um desses metais do solo, que, por sua vez, se devem a maiores intensidades de actividades responsáveis pela distribuição e redistribuição que descrevem a geologia da área de estudo.

Tabela 41: Resumo da EF do solo

ELEMENTO	OBI	KEANA	AWE	AZARA
Mo	Menor ou mínimo enriquecimento	Moderado - grave enriquecimento	Enriquecimento severo	Menor ou mínimo enriquecimento
Zn	Enriquecimento severo	Extremamente grave enriquecimento	Extremamente grave enriquecimento	Extremo grave enriquecimento
Como	Menor ou mínimo enriquecimento	Extremamente grave enriquecimento	Extremamente grave enriquecimento	Extremo grave enriquecimento
Pb	Moderado enriquecimento	Moderado - grave enriquecimento	Enriquecimento severo	Extremo grave enriquecimento
Co	Moderado - grave enriquecimento	Moderado - grave enriquecimento	Moderado - grave enriquecimento	Extremo grave enriquecimento
Cr	Extremamente grave enriquecimento	Moderado - grave enriquecimento	Moderado - grave enriquecimento	Extremo grave enriquecimento

Cu	Moderado enriquecimento	Moderado - grave enriquecimento	Moderado - grave enriquecimento	Extremo grave enriquecimento
Ba	Menor ou mínimo enriquecimento	Moderado - grave enriquecimento	Menor ou mínimo enriquecimento	Grave enriquecimento
Ni	Extremamente grave enriquecimento	Moderado enriquecimento	Moderado enriquecimento	Muito grave enriquecimento
Sr	Moderado - grave enriquecimento	Enriquecimento severo	Extremamente grave enriquecimento	Extremo grave enriquecimento

5.2.3 Fator de contaminação (Cf) e índice de carga poluente (PLI) Solo

No solo de Obi, todos os locais de amostragem tinham CF no intervalo zero, indicando baixa ou nenhuma contaminação dos elementos (Mo, Zn, As, Co, Cr, Cu, Ba, Sr e Sc) na área, exceto o níquel, que tinha um nível de contaminação moderado devido a um CF de 1,1. Foi observada uma tendência semelhante de contaminação geralmente baixa ou nula no solo da zona de Azara, exceto em alguns locais onde o iodo tinha > 6 CF, indicando uma contaminação muito elevada do solo nesses locais. O estado de baixa ou nenhuma contaminação dos elementos no solo é uma indicação da ausência de influência antropogénica, mas sim de contribuições normais das rochas hospedeiras ou das mineralizações que caracterizam as áreas.

Águas superficiais e subterrâneas

A avaliação utilizando o CF das águas subterrâneas e superficiais em todas as áreas indicou uma elevada contaminação por arsénio, tendo apresentado um CF superior a 6 em todos os locais (Tabelas 29 e 30). O selénio apresentou um CF muito mais baixo (em comparação com o arsénio), entre 3 e 6, em todos os locais, indicando que as águas subterrâneas estavam apenas consideravelmente contaminadas com selénio. O estado CF do selénio nas águas superficiais em todos os locais era muito mais baixo do que nas águas subterrâneas; situava-se entre 3 e 6 em Obi e Awe, indicando que o selénio nas águas superficiais em Obi e Awe apresentava um nível de contaminação moderado, enquanto na zona de Azara apresentava uma contaminação muito baixa. O zinco, tanto nas águas subterrâneas como nas águas superficiais da zona de Keana, apresentava um nível de CF > 6, indicando uma contaminação muito elevada, mas o nível de CF nas outras zonas (Awe, Azara e Obi) era inferior a 1, indicando uma contaminação baixa ou nula. O níquel apresentou uma contaminação baixa ou nula nas águas subterrâneas e superficiais de Awe, Obi e Azara, mas um pouco mais elevada na zona de Keana, com >1 Cf (contaminação moderada), enquanto o Pb apresentou um >1 Cf em todas as zonas, tanto nas águas subterrâneas como superficiais. A água de superfície em Azara apresentava, de facto, > 3 CF, indicando contaminação moderada. O cádmio, o crómio, o cobre, o molibdénio e o bário apresentavam um estado <1 CF em todas as zonas.

locais, indicando pouca ou nenhuma contaminação. O índice de carga de poluição (PLI) para águas subterrâneas e superficiais na área de Keana mostrou que a maioria dos locais tem PLI entre 0-1 indicando meios normais ou não poluídos. O PLI para as águas subterrâneas e superficiais de 0,84 e 0,57 respetivamente na área de Obi indicou que ambas não estão poluídas. O PLI para Azara, no entanto, apresentou um valor de 1,02 e 0,82, indicando poluição e ausência de poluição para as águas subterrâneas e superficiais, respetivamente. Assim, em resumo, as águas subterrâneas em Keana e Azara apresentavam alguma poluição, enquanto as águas superficiais na maior parte das zonas não estavam poluídas.

Tabela 42: Resumo do CF e PLI da Área de Estudo

ELEMENTO	OBI	KEANA	AWE	AZARA
Mo	Baixa contaminação	Baixa contaminação	Baixa contaminação	Baixa contaminação
Zn	Baixa contaminação	Baixa contaminação	Baixa contaminação	Baixo contaminação
Como	Baixa contaminação	Moderado contaminação	Moderado contaminação	Moderado contaminação
Pb	Baixa contaminação	Baixa contaminação	Baixa contaminação	Baixa contaminação
Co	Baixo contaminação	Baixo contaminação	Baixo contaminação	Baixo contaminação
Cr	Baixa contaminação	Baixa contaminação	Baixa contaminação	Baixa contaminação
Cu	Baixa contaminação	Baixa contaminação	Baixa contaminação	Baixa contaminação
Ba	Baixa contaminação	Baixa contaminação	Baixa contaminação	Baixa contaminação
Ni	Moderado contaminação	Baixa contaminação	Baixa contaminação	Baixa contaminação
Sr	Baixa contaminação	Baixa contaminação	Baixa contaminação	Baixa contaminação
PLI	1.0 para todos locs exceto em poço de carvão com PLI >1	20/40 são zero, 8/40 são 1.0, 22/40 são >1	11/20 são 1.0, 9/20 são >1,0	1.0 para todos locais
PLI Interpretação	Sem poluição	Sem poluição para na maioria dos locais. Alguns são poluído	Sem poluição para a maioria locais. Alguns estão	Sem poluição

poluídos

5.3 FONTES/ORIGEM DOS OLIGOELEMENTOS

A presença de elementos vestigiais em níveis de concentração variáveis em todos os meios de amostragem: água, solo, sedimentos ou sal de NaCl, foi estabelecida. As observações e análises de campo levaram à conclusão de que os elementos são originários de uma variedade de fontes que podem ser classificadas em geral como naturais e antropogénicas. As fontes naturais serão basicamente através da meteorização natural do material rochoso de origem, principalmente rochas, solos e sedimentos, enquanto as fontes antropogénicas são a extração e a transformação dos minerais, as práticas agrícolas que envolvem a utilização de diferentes tipos de fertilizantes/químicos, a eliminação de resíduos no solo, os resíduos de carvão e outras fontes. A utilização estatística da correlação e da análise de componentes principais também ajudou a estabelecer as fontes dos oligoelementos.

5.3.1 Intemperismo do material de origem

O processo natural de meteorização do material de origem desempenha um papel importante na origem e distribuição dos oligoelementos. Desde a sua origem, as rochas e os minerais são sujeitos à meteorização/erosão, resultando na formação de solo e sedimentos e, consequentemente, na libertação, distribuição e redistribuição de elementos vestigiais. Estes processos incluem a hidrólise, a troca iónica, a oxidação-redução e várias outras actividades físico-químicas. Estruturas como veios e fracturas, bem como a topografia e o padrão de drenagem, resultantes de processos geológicos e de meteorização, incentivam o movimento e a interação da água com a rocha-mãe e os minerais. As argilas no solo e a matéria orgânica, por exemplo, podem reter ou adsorver estes elementos e depois libertá-los na água e assim sucessivamente.

Formações ricas em sulfuretos e sua distribuição

A área de estudo é caracterizada por mineralizações generalizadas de sulfureto, sulfato e carvão, principalmente minérios como galena (PbS), esfalerite (ZnS), calcopirite (CuFeS2).FeS2 e baritina, entre outros, e actividades mineiras artesanais de apoio em muitos locais da área de estudo. Isto é particularmente válido para as áreas de Awe, Azara e Keana, onde os minerais de sulfureto foram extraídos e as lixeiras, os rejeitos, o minério de baixa qualidade, a sobrecarga e os stocks de moinhos de escoamento, devido às actividades mineiras, são eliminados sem qualquer consideração pelo seu potencial de poluição. As águas poluídas ou ricas em ácido libertadas pelas minas são uma consequência da oxidação de minerais de sulfureto, principalmente pirite (FeS2), mas também galena (PbS), esfalerite (ZnS), pirrotite (FeS), marcassite (FeS2), arsenopirite (FeAsS) e calcopirite (CuFeS2).FeS2. O que acontece é que quando estes minerais (como o FeS2) são expostos à água e ao oxigénio, são oxidados na presença de água em ácido sulfúrico e hidróxido ferroso da seguinte forma;

$$\mathbf{2FeS_2 + 6H_20 + 7O_2 \quad \rightarrow \quad 4H_2SO_4 + 2Fe\,(OH)_2}$$

É o ácido sulfúrico que confere a forte propriedade ácida, enquanto o hidróxido ferroso é responsável pela coloração laranja-amarelada gelatinosa da água dos lagos e ribeiros (placa 18), como se vê nas zonas mineiras da região de Azara. Este ácido sulfúrico ataca ainda outros minerais de sulfureto, decompondo-os e libertando oligoelementos/metais como Pb, As, Cd, Cu, Zn, Cr, Co, Ni, outros. Quanto mais forte for a solução ácida, mais os metais se tornam solúveis e isto continua a baixar o pH. Durante a estação das chuvas, a AMD chega ao rio Tanko, o que faz com que a drenagem da água contaminada e de pH baixo para os cursos de água resulte na poluição da água dos cursos de água ou dos lagos e na contaminação do solo e das águas subterrâneas. Em condições naturais, o processo de formação de água ácida é bastante lento, mas quando se procede à extração de depósitos de sulfuretos, o processo é acelerado devido à oxidação, resultante da exposição ao oxigénio e à água. A potencial responsabilidade pela drenagem ácida continuará a aumentar com a continuação da extração de minerais de Pb-Zn, Cu e barite nas zonas de Awe, Keana e Azara, bem como com a extração dos depósitos de carvão no eixo Obi-Agwatashi, resultando na acumulação destes resíduos de minas de sulfuretos e na conveniente produção e transporte de poluentes.

A área do projeto é suavemente ondulada, mas frequentemente interrompida por estruturas amplas, como as cristas, observadas na crista de Aloshi em torno de Keana, na crista de Azara Baryte-quartzito em torno do eixo Azara-Wuse-Akiri e na estrutura da crista de Abuni-Kanje. As cristas formam marcos proeminentes com uma tendência geral na direção N-S de tamanhos variáveis (de largura >10m) que se estendem por 2-5 km. Estas cristas servem frequentemente de divisória para os numerosos cursos de água e rios que se encontram na zona. Os rios Asuku, em Awe; o rio Wuse, em Azara; Okpalaga, Alasamu e Ome, na zona de Keana; e o rio Okpobi, na zona de Obi, e alguns outros rios, são os principais rios da zona e correm quase diagonalmente de noroeste para sudoeste na zona de Obi-Keana e também de nordeste para sudeste no sector de Azara-Awe da zona de estudo. Estes rios, juntamente com os seus pequenos afluentes, formam um padrão de drenagem mais ou menos dentrítico na zona, antes de desaguar finalmente no rio Benue, no limite sudeste das folhas topográficas 231 e 232 de Lafia e Akiri, que constituem os limites da zona de estudo.

O padrão de drenagem, que reflecte a topografia e os sistemas de fracturação, é responsável por canalizar a quantidade e a direção das águas ácidas ou das águas das minas para as águas superficiais e subterrâneas, bem como para o solo ou a terra na área de estudo. Mallo, (2011) sugere que a área de estudo em torno de Obi, tal como em Azara, Awe e Keana, tem lineamentos pronunciados que revelam rochas subjacentes altamente fracturadas, e estas controlam a solução ácida para os cursos de água e rios. Em Obi, os afluentes que correm de Akodi, a norte, e de Agaza, a sul, desaguam no rio Ankwe e no rio Benue, ao mesmo tempo que os afluentes Obi e Agwatashi também desaguam no rio Benue. Em Keana, os afluentes Mada e Okpalaga desaguam no rio Benue através do rio Guma, enquanto na zona de Awe, o Asuku se junta ao afluente Abuni para desaguar no rio Benue, também através do rio Guma. A zona de Azara tem muitos rios deste tipo, como o maior afluente de Wuse, que recolhe do rio Anuga e de outros afluentes mais pequenos e desagua finalmente no rio Benue. A maior parte da drenagem das minas na zona de Azara é alimentada pelos afluentes mais pequenos.

Embora se compreenda que as fracturas das rochas subjacentes são a fonte da água ácida e, por conseguinte, da libertação destes metais vestigiais nos sistemas de água e solo da zona, as rochas da zona de Obi estavam, na altura, pouco perturbadas devido à reduzida atividade mineira, pelo que a sua presença era mínima e controlada. No entanto, na zona de Azara e em algumas partes de Awe e Keana, as actividades mineiras eram abundantes, com muitas explosões, aquecimento, perfurações e abanões das formações subterrâneas, o que aumentava as fracturas e favorecia o afluxo de água às fracturas, facilitando a oxidação, que produzia a água ácida ou contaminada. De qualquer modo, a oxidação dos minerais de sulfureto dependerá da superfície reactiva do FeS, do oxigénio, do pH da água, das formas de pirite e da presença de bactérias oxidantes de Fe, as *Thiobacillus ferroxidans* (Mallo, 2011).

5.3.2 Fontes antropogénicas

Para além da fonte primária dos oligoelementos assim descritos, que emanam de rochas-mãe ou formações subjacentes ricas em sulfuretos, particularmente durante a sua oxidação, foram identificadas fontes antropogénicas. As práticas agrícolas podem ser uma fonte significativa de oligoelementos, sendo a agricultura uma fonte não pontual muito importante de enriquecimento de oligoelementos. Este enriquecimento depende da intensidade e do tipo de agricultura numa zona. As plantas necessitam de micronutrientes para crescerem de forma óptima e, dependendo da fertilidade do solo, são utilizados fertilizantes de diferentes tipos para fornecer alguns oligoelementos no solo para absorção pelas plantas. As impurezas nos adubos consistem principalmente nos oligoelementos Cd, Cr, Mo, As, Pb, U, V e Zn, dependendo do tipo de adubos utilizados ou aplicados nos solos.

É pertinente notar que mais de 90 por cento da população da área de estudo são agricultores a tempo inteiro que utilizam fertilizantes de diferentes composições e também o facto de a maioria das amostras de solo terem sido colhidas em terrenos agrícolas cultivados. Os oligoelementos podem ser distribuídos no solo, nos sedimentos e na água de várias formas. Os pesticidas utilizados nas explorações agrícolas para controlar as pragas podem conter um ou mais dos seguintes oligoelementos: Cu, As, Hg, Pb, Mn e Zn. Os estrumes provenientes da criação intensiva de animais, especialmente de aves de capoeira, podem conter Cu, As e Zn e são utilizados nas explorações para aumentar a produtividade.

O principal contribuinte para a concentração elevada de Cd no solo é o fertilizante fosfatado. O arsénio (As) é um metal vestigial cujo teor pode ser elevado em pesticidas, fertilizantes, lamas e estrume. Assim, o aumento dos teores de As nos solos agrícolas tornou-se recentemente uma questão preocupante. Este facto é especialmente acentuado no caso dos solos de arroz, que são altamente modificados por actividades antropogénicas. Os solos de arroz são frequentemente contaminados por fertilizantes e produtos químicos orgânicos, especialmente nas áreas onde é necessário um rápido desenvolvimento económico (Carla, 1995). Uma caraterística marcante observada nos locais de extração mineira é a utilização de baterias de Pb pelos mineiros durante a escavação ou a escavação do furo. As baterias eram geralmente despejadas juntamente com os rejeitos e os resíduos da mina, aumentando assim o teor de Pb no solo, nos sedimentos ou na água com que o material entra em contacto.

5.3.3 Análise de componentes principais (PCA)

Os altos valores de pontuação positiva de 0,99 e 0,98 para Ni e Cr no PCI para o solo na tabela 36, indicam anomalias geoquímicas correlacionadas com a geologia local e com base no dendograma (figuras 72, 73), a geologia contém xistos argilosos escuros dentro dos quais se encontra o depósito de carvão, descrevendo a área onde a formação Awgu foi encontrada. O Ni e o Cr foram associados a sedimentos contendo carvão e aqui os elementos são influenciados pela proximidade das minas de carvão da área de Obi-Agwatashi e locais em redor da área de Awe, Okpalaga-Keana-Abuni onde a formação Awgu aflora. O PC 2 mostrou cargas de Pb, Zn, Cu e Sr em locais dominados pela mineralização de Pb/Zn em torno de Azara, e as áreas de Keana (com minas de barita e Pb/Zn omnipresentes) parecem ser controladas pela assinatura geoquímica da mineralização de sulfureto que caracteriza a área. Os PC 3 e PC 4 com cargas de As, Ba, Pb e Co pareciam estar sobrepostos em áreas semelhantes influenciadas pela mineralização de chumbo-zinco e baritina descrita anteriormente, com os três componentes espalhados no arenito e na litologia de xisto-modstone, descrevendo as formações de Keana e Ezeaku.

O primeiro e segundo componentes principais para as águas subterrâneas e superficiais (tabelas 37, 38) mostraram cargas para As, Se, Mo, Cd, Pb, Zn e I. Estes estão relacionados com o material de origem natural e, especialmente, As, Pb e Zn, relacionados com a oxidação do sulfureto (que aumenta a mobilização e migração de metais vestigiais), bem como com fontes antropogénicas. As águas pluviais interagem com o sulfureto alterado armazenado em lascas de rocha e fragmentos minerais que geram águas de escoamento com elevadas concentrações de metais. Além disso, os rejeitos de sulfuretos, as lamas e as águas residuais geradas durante a extração e a transformação de minerais de sulfuretos (como a pirite, a galena, a calcopirite, a arsenopirite, etc.) continham níveis elevados de Pb, Zn, As, Cd e Cu, que foram libertados no solo, nos sedimentos dos cursos de água e na água. Observou-se que as cargas metálicas são de origem pontual nos locais de extração mineira e aumentam progressivamente com a proximidade dos depósitos minerais. Quando as cargas são encontradas a jusante ou longe das fontes principais, sugere-se uma origem antropogénica.

Placa 18: Água recolhida numa mina em Azara com uma coloração laranja-amarelada gelatinosa

Placa 19: Água da lagoa com coloração verde-amarelada em Aloshi

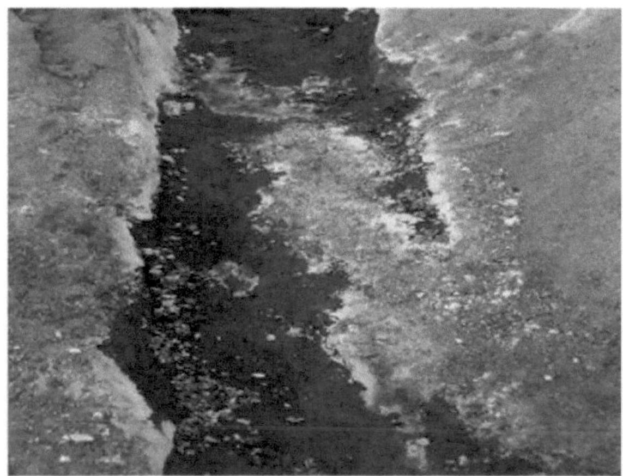

Placa 20: Precipitação de sais de NaCl de juntas e fracturas e canais vazios para a água no sítio mineiro de Awe

Placa 21: Deformação do terreno e distorção do padrão de drenagem em Azara

Placa 22: Veios de minério abandonados que constituem armadilhas mortais e drenagens ácidas prejudiciais para a saúde nas zonas mineiras e adjacentes

Placa 23: Rejeitos e águas residuais contaminando terras agrícolas em Azara

Placa 24: Vegetação destruída por águas residuais ácidas em Azara

5.3.4 Biodisponibilidade de oligoelementos

Uma observação marcante deste trabalho de investigação foi o comportamento dos oligoelementos nos diferentes meios de amostragem. Enquanto o iodo e o selénio apresentavam concentrações baixas ou abaixo do limite de deteção nas amostras de solo e sedimentos, os dois elementos foram encontrados na água em concentrações ainda mais elevadas. Por outro lado, o zinco, por exemplo, foi encontrado em todos os solos, mas não na água. O cádmio foi encontrado na água, mas não nas amostras de solo. As formações argilosas tinham concentrações mais elevadas de elementos como o Ni, o Cr e o Pb do que as formações arenosas mais arenosas, e assim por diante. Para além das suas propriedades específicas e de outras caraterísticas físico-químicas, os comportamentos acima descritos podem ser atribuídos à biodisponibilidade dos oligoelementos, à mobilidade, ao teor de argila, ao papel dos goitrogénios, bem como aos estados de especiação.

Os principais processos que controlam a disponibilidade de elementos maiores e vestigiais, tanto naturais como contaminantes, e a sua lixiviação pelo perfil do solo e para as águas subterrâneas são os que influenciam a sorção e dessorção dos elementos no solo. Estes factores incluem: 1) as propriedades, especiação e concentração de elementos maiores e vestigiais específicos, 2) a composição do solo, especialmente a abundância de minerais de argila de diferentes tipos, os teores totais de óxidos de ferro, alumínio e manganês, carbonato de cálcio livre e matéria orgânica (SOM) e, 3) as condições físico-químicas que incluem o pH, o potencial redox (Eh), bem como outros catiões e aniões presentes. A sorção e a dessorção de oligoelementos ocorrem sob a forma de: 1) troca de catiões e aniões, em que os iões são atraídos para sítios de cargas opostas nas superfícies sólidas, 2) co-precipitação, em que os iões são precipitados nas superfícies simultaneamente com outros compostos inorgânicos, como os óxidos de Fe, Al e Mn, e muitos outros processos e exemplos. As formas solúveis da matéria orgânica do solo podem dessorver os iões metálicos dos locais de sorção nas superfícies sólidas, aumentando assim a sua mobilidade e a disponibilidade de muitos elementos. O húmus no estado sólido desempenha vários papéis importantes no solo, contribuindo fisicamente para a ligação das partículas para criar agregados de solo e um sistema de poros composto por vazios ligados que estão envolvidos na transmissão e armazenamento de água e nas trocas gasosas.

Os minerais argilosos têm efeitos marcantes nas propriedades físicas e químicas dos solos. A sua contribuição para as propriedades químicas do solo resulta da sua área de superfície comparativamente maior e da carga permanentemente negativa na sua superfície, que adsorve catiões. Os tipos mais comuns de minerais de argila incluem caulinite, ilite, esmectite, vermiculite, etc. Em todos os argilominerais, exceto na caulinite, a substituição isomórfica dentro da rede mineral conduz a um desequilíbrio permanente de cargas que dá origem a uma carga negativa líquida na superfície do mineral (Neal, 1995; Carla, 1995)

Em geral, os solos de textura arenosa e bem drenados tendem a ter menor capacidade de adsorção do que os solos com maior proporção de partículas minerais de silte e argila ou óxidos de Fe. No entanto, o teor de húmus pode alterar este facto. É por isso que os solos cultivados intensivamente têm, em geral, teores de matéria orgânica mais baixos do que os solos com prados permanentes ou pastagens pobres na mesma zona climática. Isto é responsável pelo facto de os solos arenosos darem origem a deficiências em oligoelementos essenciais como o manganês, o selénio, o cobalto e o iodo, etc. Neste caso, a causa da deficiência é a concentração inerentemente total nos grãos de areia do material de origem do solo e a capacidade de sorção relativamente baixa destes solos (Neal, 1995). O seu baixo teor de argila resulta na perda por lixiviação de elementos nutritivos que chegam ao solo por várias vias. As alterações do pH, do Eh e de outras condições, como a diminuição do teor de matéria orgânica resultante do aumento do cultivo e/ou do aumento das temperaturas, bem como a acidificação gradual devida à precipitação ácida, podem ter efeitos significativos na forma e na biodisponibilidade dos elementos vestigiais e principais (tanto de origem geoquímica autóctone como de origem poluente externa). A adsorção e a dessorção de iões ocorrem através das superfícies de colóides orgânicos e minerais que são capazes de reter iões por vários mecanismos diferentes. A troca de catiões e aniões é fundamental na sorção destes elementos e consiste na atração de catiões de carga positiva por superfícies de carga negativa. Isto ocorre em vários minerais de argila, matéria orgânica e óxidos de Fe a valores de pH mais elevados. A troca catiónica é carateristicamente reversível, controlada por difusão, com algum grau de seletividade para um ião em relação ao outro pela superfície adsorvente (Hygarth, 1994). Esta seletividade dá origem a uma ordem de substituição determinada pela concentração de iões, a sua valência e o grau de hidratação.

Tabela 43: Valores típicos da capacidade de troca catiónica para os constituintes do solo

Componentes do solo	CEC (cmolsc kg $)^{-1}$
Matéria orgânica do solo	150 - 300
Caulinite (argila)	2 - 5
Ilite (argila)	15 - 40
Montmorillonite (argila)	80 - 100

Vermiculite (argila)	150
Óxidos hidratados de Fe, Mn e Al	4

De Ross, 1989

5.4 RELAÇÃO ENTRE A DISTRIBUIÇÃO DE OLIGOELEMENTOS E A SAÚDE HUMANA

5.4.1 Elementos vestigiais e saúde humana na região

Esta investigação tentou analisar a relação entre alguns elementos vestigiais e doenças observadas na área de estudo, com padrões geográficos de infecções a tornarem-se óbvios. As doenças por deficiência de iodo (IDDs), como o bócio, e a doença sintomática por imunodeficiência, popularmente referida como VIH/SIDA, são duas doenças que foram estudadas e consideradas como "doenças geoquímicas", relacionadas com os oligoelementos.

Goitrogénios, deficiência de iodo e bócio

O papel dos goitrogénios tem sido associado ao comportamento de alguns oligoelementos, como o iodo e o selénio, o que determina ou controla a sua sorção e biodisponibilidade no solo e na água. Os goitrogénios são substâncias que suprimem a atividade e a função dos oligoelementos, interferindo ou competindo com certas funções e afectando a sua disponibilidade e mesmo a sua absorção (Davies, 2000). Exemplos de materiais com efeitos goitrogénicos incluem vegetais como a classe Brassica, que inclui a couve, o rabanete e os brócolos. Outros do mesmo grupo incluem o painço, os morangos, os rebentos de bambu, os espinafres, a batata-doce e muitos outros.

Outro grupo importante de goitrogénios, que se relaciona de perto com as populações que vivem na área de estudo e que são predominantemente agricultores de subsistência, inclui os iões complexos univalentes, tiocianato (SCN^-) e flouroborato ($BF4^-$) (Davies, 2000). As substâncias húmicas são também goitrogénicas devido à sua capacidade de fixar o iodo no ambiente. O húmus é rico em matéria orgânica e é conhecido por desempenhar um papel importante na especiação e mobilidade de oligoelementos como o iodo. Uma vez que o iodo, o selénio e outros oligoelementos são fortemente fixados pela argila e pelo húmus, estes materiais podem funcionar como "goitrogénios geoquímicos". Estes goitrogénios, no que diz respeito ao iodo e ao selénio, na medida em que afectam a tiroide e os tecidos extra-tiroideus do corpo humano, têm tamanhos iónicos semelhantes aos do iodeto e podem inibir competitivamente o transporte ativo de iodeto, diminuindo assim a captação de iodeto como consequência da redução da secreção de tiroxina e triiodotironina pela glândula, provocando, em doses baixas, um aumento da libertação de tirotrofina (por retroação negativa reduzida), que estimula a glândula (Prasad e Srivatsava, 2004).

O tiocianato está presente na mandioca e na couve. A mandioca (Manihot utilisima) é a cultura mais comum, plantada, colhida, processada e consumida em grandes quantidades pela grande maioria das pessoas na área de Awe, Azara, Keana e Obi. A atividade goitrogénica do tiocianato encontrado na mandioca foi demonstrada em várias ocasiões na República do Congo, onde a mandioca é um alimento básico comum (Davies, 2003). Diminui a penetração do iodeto na tiroide e é possível que, se os consumidores de mandioca estiverem a viver em ambientes marginalmente deficientes em iodo, como a zona de Obi e algumas partes de Awe (na zona de estudo), ou se tiverem defeitos biossintéticos congénitos na tiroide, estes goitrogénios possam desempenhar um papel no desenvolvimento do bócio.

As substâncias húmicas ricas em matéria orgânica no ambiente também são conhecidas por desempenharem um papel importante na especiação e mobilidade geoquímica de elementos químicos como o iodo (Carla, 1995). Isto apoia claramente a hipótese de que o ambiente contém goitrogénios, que retêm o iodo e o tornam muito menos disponível para as pessoas que vivem na área, resultando em alguns dos casos de bócio observados na área de estudo. O Obi tem formações que contêm mais húmus e materiais argilosos do que qualquer um dos Awe, Azara e Keana, por isso tem mais casos de bócio, como observado.

Foi observado um grande número de casos de bócio, especialmente em áreas deficientes em iodo, em povoações e distribuídos de forma irregular à volta da estrada Keana-Awe, a noroeste da cidade de Awe, à volta de Abuni e em partes de Obi. O iodo não foi detectado em >70% das amostras de solo e também nos cristais de sal NaCl (ou mesmo na sua solução - salmoura) de Awe e Keana, que era consumido pela população local. O elemento foi encontrado em amostras de água em teores superiores aos de fundo, mas foi lixiviado do solo sobrejacente. Mais de metade (22) das 34 pessoas com bócio (Placa 25) provinham do eixo Awe-Keana e de algumas partes de Obi. As concentrações moderadas a elevadas do elemento na água potável podem, em parte, explicar porque é que as DDIs, em particular, não são comuns em partes das áreas de Obi e Azara. Uma proporção significativa dos casos de bócio eram mulheres de meia-idade (28-40 anos) e mais velhas (Placa 25) que residiam nessas comunidades há mais de duas décadas. Uma vez que as pessoas são predominantemente agrárias e estão perto do solo, e o facto de estarem expostas a materiais goitrogénicos como a mandioca, juntamente com a elevada quantidade de argila e matéria orgânica no solo, o iodo pode não estar biodisponível.

A doença era relativamente comum há algumas gerações atrás, mas é muito baixa na meia-idade e nas gerações mais jovens, devido aos recentes programas globais de iodização do sal. Na natureza, o iodo é um elemento relativamente raro. Encontra-se em abundância no oceano e nas zonas mais próximas do oceano. A sua presença no solo, por outro lado, é muito baixa em muitos locais do mundo, incluindo a área de estudo. Também desempenha um papel central no funcionamento saudável da glândula tiroide, razão pela qual o sintoma mais visível da deficiência do elemento é o bócio - o inestético e doloroso aumento da glândula tiroide que se manifesta como um enorme inchaço à volta do pescoço e da laringe, como se pode ver na placa 25. Além disso, o iodo é essencial para a vida e especialmente crucial para o desenvolvimento do cérebro das crianças, sendo considerado a principal causa de atraso mental evitável em todo o mundo. Será necessária mais recolha de dados e uma análise aprofundada para explicar a correlação entre a deficiência de iodo e as DDI e outras implicações para a saúde na região.

Deficiência de selénio e infecções por VIH

Praticamente todas as amostras de solo (e sedimentos de cursos de água) não continham selénio, sendo o solo da zona altamente deficiente em Se, o que dificulta a ingestão dietética do elemento através do solo e das culturas de base cultivadas na zona, tendo em conta que >80% da população local se dedica à agricultura de subsistência, juntamente com a presença de materiais goitrogénicos, o elevado teor de argila e de matéria orgânica do solo, descritos anteriormente. Por isso, é de esperar que a infeção pelo VIH seja elevada entre os indivíduos que residem em zonas com Se empobrecido ou nulo, tanto no solo como na água potável, tais como a zona de Utsehe em Awe, Ibi-Alago em Azara, povoações de poços de carvão, comunidades Ashika em Obi e comunidades ao longo da estrada Keana-Awe em direção às colinas de Okpalaga. Os dados obtidos da Agência de Controlo da SIDA do Estado de Nasarawa (NASACA) não puderam ser aqui apresentados devido a restrições éticas e à confidencialidade da informação. No entanto, as taxas de infeção eram de 5,2% na zona de Obi, 4,5% em Keana e 2,3% em Awe, em 2014. A análise de 55 doentes com VIH, com idades compreendidas entre os 25 e os 60 anos, que viviam no meio local há pelo menos 20 anos, cultivando e consumindo produtos locais, revelou que 26 doentes (47,3%) provinham da zona de Obi, 18 doentes (32,7%) da zona de Keana e 11 doentes (20%) da zona de Awe. Isto foi consistente com as taxas de infeção acima referidas, que podem ser proporcionais aos problemas de deficiência de iodo e selénio nos solos cultiváveis e na água potável da área de estudo.

O papel do selénio na quimioprevenção contra a infeção pelo VIH foi recentemente reconhecido (Baum et al. 2000; Davies, 2003) e está a receber atenção a nível mundial. A maior parte da África subsaariana é deficiente em selénio. Na África do Sul, Suazilândia, Uganda, Quénia, Zâmbia e Botswana, países onde a SIDA é atualmente a principal causa de morte, as populações tendem a não ter uma ingestão alimentar adequada deste oligoelemento. Em contrapartida, os solos do Senegal provêm de sedimentos marinhos, muitos dos quais são enriquecidos com selénio, e a taxa de prevalência da infeção pelo VIH situa-se a um nível invulgarmente baixo de 0,5%. Como seria de esperar, a mortalidade por SIDA também é invulgarmente baixa na Bolívia, um grande exportador de selénio. O selénio é um componente de uma enzima - glutationa peroxidase, que evita danos oxidativos nas células, sustentando assim a imunidade do corpo. Os suplementos de selénio podem melhorar o sistema imunitário humano ao provocar um aumento do nível da enzima (glutatião peroxidase).

Outros problemas médicos observados na zona exigem também estudos de acompanhamento pormenorizados para compreender a influência e o impacto dos metais vestigiais. Foram notificados casos elevados de doenças respiratórias, hipertensão e perturbações cardiovasculares, doenças renais e hepáticas entre as populações das comunidades mineiras, com taxas mais elevadas nos mineiros activos. Os efeitos carcinogénicos dos compostos de arsénio, níquel, crómio e bário, que, segundo este estudo, se situam muito acima dos limites admissíveis, poderão ser os responsáveis. A baixa exposição gradual a longo prazo ao chumbo e ao cádmio será motivo de preocupação, especialmente entre as crianças que vivem nas zonas mineiras.

Placas 25: Alguns dos casos de bócio encontrados durante o estudo

5.4.2 Exposição humana aos oligoelementos e vias de exposição

A geologia da área, incluindo o tipo e a natureza da mineralização, juntamente com a proliferação de actividades mineiras artesanais, agrícolas e outras, tornaram a ocorrência e a distribuição de oligoelementos muito óbvias. A população local foi exposta a estes oligoelementos através de várias vias. Estas vias ou rotas incluíam essencialmente a inalação de poeiras provenientes das actividades mineiras. Pode ser pela cadeia alimentar normal através da ingestão de alimentos e água ou através da pele, especialmente dos poros sudoríparos e de lesões corporais (placas 27 e 28). A maioria dos elementos como o zinco, o iodo, o selénio, o arsénio e outros, por exemplo, entram no corpo através da ingestão de alimentos e água potável, enquanto elementos como o chumbo (Pb) e o cádmio entram no corpo através da inalação. Outros mecanismos incluem a exposição das mãos à boca, que geralmente ocorre no local de trabalho dos trabalhadores da indústria mineira e metalúrgica. No caso das crianças das zonas mineiras da área de estudo, observou-se claramente a exposição das mãos à boca, como se pode ver na figura 26. Um resumo das vias de exposição a oligoelementos é apresentado na tabela 43 abaixo.

De um modo geral, as vias de exposição incluem a dieta (alimentos, água, ingestão deliberada e inadvertida do solo), a absorção dérmica e a inalação. Em termos de ingestão, tem sido dada muita ênfase à água, simplesmente porque é um tipo de amostra fácil de analisar. No entanto, é provável que os solos e os géneros alimentícios sejam contribuintes muito mais importantes para a dieta, porque as concentrações de substâncias potencialmente nocivas nos solos são muito maiores do que na água. Quer a ingestão de solo seja inadvertida ou através da ingestão deliberada de solo, conhecida como geofagia, esta via de exposição não deve ser subestimada.

Tabela 44: Alguns oligoelementos e importância para a saúde e vias de exposição

RASTREAR ELEMENTO	IMPLICAÇÕES PARA A SAÚDE	COMO CHEGA PARA DENTRO DO CORPO
Iodo	O iodo é um dos micronutrientes essenciais e o corpo humano não poderia passar sem este elemento. Está concentrado principalmente na tiroxina e na triiotironina, as hormonas produzidas pela tiroide. Anteriormente, a deficiência de I era conhecida pelo termo "bócio", que compreende o espetro de disfunções, tais como: - Anomalias do feto, incluindo aborto e nado-morto - Deficiência mental e atraso no desenvolvimento físico, normalmente associados a anomalias congénitas de crianças e adolescentes - Hipotiroidismo com várias complicações em adultos, como cretinismo neurológico, mongolismo, impotência e infertilidade	As fontes naturais mais ricas em I são os mariscos e as algas marinhas. A principal via de acesso ao iodo para os seres humanos é através dos alimentos cadeia alimentar; alimentos ou água potável
Selénio	As descrições dos sintomas de fornecimento inadequado de Se aos seres humanos incluem Deficiência: - Fraqueza e dor muscular, - Inflamação dos músculos - Glóbulos vermelhos frágeis, - Degenerescência do pâncreas - Disfunção do músculo cardíaco (dilatação, congestão e outros sintomas) falhas) - Estado de doença prolongado, - Suscetibilidade ao cancro - doença de Keshan (KD), (cardiomiopatia), - doença de Kashin-Beck (KBD), (osteoartropatia, afeção dos ossos e das articulações) **Toxicidade:** - Lesões no fígado e nos rins; - Coagulação sanguínea; - Necrose do coração e do fígado; - Lesões cutâneas; - Perda de cabelo e de unhas; - Náuseas e vómitos É um agente nos processos de anti-oxidação e anti-inflamação e participa na produção de hormonas da tiroide. O seu papel na quimioprevenção contra o VIH e a SIDA foi recentemente reconhecido (Clark et al. 1996; Baum et al. 2000). A correlação da depleção de Se com doenças cardiovasculares, cirrose e diabetes também foi registada (Navarro-Alarcón e Lopez-Martinez 2000).	A principal via de acesso ao iselénio para os seres humanos é através da dieta; ingestão de alimentos ou água potável. A inalação é outra via importante.
Zinco	Os sintomas mais graves da sua deficiência grave são; -Infecções frequentes - Diarreia -Função imunitária comprometida - Alopécia - Atraso na	A exposição ao Zn dá-se por inalação e ingestão de alimentos (dieta) e bebidas (água)

	maturação sexual e óssea -Perturbação mental Outras disfunções incluem; -cicatrização deficiente de feridas e lesões cutâneas - aumento do baço e do fígado -dificuldades de paladar e olfato, A carência de zinco também provoca atrasos no crescimento e várias perturbações sanguíneas. Em risco de deficiência de Zn estão principalmente os bebés e as crianças, mas também os idosos, os adultos não saudáveis e alguns vegetarianos.	
Arsénio	A toxicidade do **arsénico** nos alimentos e na água potável pode causar vários problemas de saúde; efeitos mutagénicos, carcinogénicos e teratogénicos que afectam várias funções: -Cancro -Efeitos neurológicos -Doenças cardiovasculares -Distúrbios respiratórios -Hipertensão -Diabetes mellitus -Queratose	As fontes de As incluem a água potável, a ingestão com alimentos (especialmente peixes de água doce), a inalação por trabalhadores das indústrias mineiras e metalúrgicas
Cádmio	O excesso de Cd provoca danos na estrutura do esqueleto, especialmente em mulheres idosas. Os principais efeitos tóxicos do Cd nos seres humanos estão relacionados com: -lesões renais - hipertensão -enfisema alterações carcinogénicas, principalmente dos rins e da próstata - deformação do esqueleto devido a uma perturbação do metabolismo do Ca - funções de reprodução reduzidas	A ingestão de Cd pelos seres humanos faz-se principalmente por inalação e ingestão de alimentos e bebidas. No caso da exposição por inalação, a dimensão e a solubilidade das partículas parecem ser os factores mais importantes. Outro mecanismo é o "mão-pé-boca", que ocorre geralmente no local de trabalho. A exposição alimentar da população varia muito de país para país e é afetada por condições e profissões.
Chumbo	O Pb absorvido é distribuído no sangue, nos tecidos moles e, em particular, nos ossos, incluindo os dentes. O corpo humano não consegue distinguir entre o Pb e o Ca; por conseguinte, a maior parte do Pb é armazenada nos ossos e nos dentes, onde se pode acumular até 90% do Pb absorvido. O excesso de Pb pode causar vários efeitos na saúde: -Danos no sistema nervoso -Inibição da formação do heme	A via de exposição do Pb para a população adulta é a alimentação, a água e o ar. A inalação é a principal via de exposição para os trabalhadores industriais, em

-Lesões renais -Anemia (inibição da síntese do sangue) -Desenvolvimento mental prejudicado das crianças pequenas	particular os que trabalham em fundições e minas de Pb-Zn. Outras vias incluem a água macia, as tintas com Pb e os géneros alimentícios contaminados com Pb.

Depois de Kabata-Pendias e Mukhrejee, 2007

Placa 26: Crianças numa mina de sal em Awe (mostra a via típica de exposição a oligoelementos)

Placa 27: Um mineiro da mina de Pb-Zn de Azara exposto a poeiras minerais (exposto a metais pesados através da inalação de poeiras, pode também penetrar na pele através das glândulas

sudoríparas, causar lesões no corpo, pode ser prejudicial para a saúde)

Placa 28: Um mineiro numa mina de baritina em Keana

CAPÍTULO 6

RESUMO DOS RESULTADOS, CONCLUSÕES E RECOMENDAÇÕES

6.1 RESUMO DAS CONCLUSÕES

1. O solo e os sedimentos da zona de estudo apresentavam concentrações elevadas de Zn, Ni e Cr. O chumbo, o As e o Cu estavam moderadamente concentrados, enquanto o Mo, o Co e o Sr estavam dentro dos níveis de fundo e inferiores.

2. O solo e o sal na área eram deficientes em I e Se na maioria dos locais. No entanto, os dois foram encontrados na água, com níveis mais elevados em Keana (3 - 4 vezes) do que em Awe e Azara. A ausência de I e Se no solo foi compensada na água.

3. O arsénico na água de toda a área era muito superior (cerca de dez vezes) ao limite permitido pela OMS e a outras normas, incluindo a da Nigéria (SON).

4. O índice de geo-acumulação (Igeo) mostrou que o solo estava fortemente poluído por Zn em Keana, Awe e Azara e por Ni e Cr em Obi. O Igeo para a água revelou uma forte poluição por As em Azara.

5. O Fator de Enriquecimento (FE) revelou que o solo estava muito fortemente enriquecido em Zn e As em todas as áreas. Registou-se um enriquecimento elevado de Cr e Ni em Obi.

6. O Fator de Contaminação (FC) do solo mostrou a área com baixa contaminação dos elementos, exceto o As em Awe e Azara, e o Ni em Obi. O FC para a água indicou um nível muito elevado de arsénio na área, acima do limite da OMS.

7. O índice de carga poluente (PLI) do solo mostrou que não havia poluição global, exceto em Azara para o As e em torno dos poços de carvão em Obi para o Ni. A maioria das zonas registou um PLI de 1,0, indicando ausência de poluição.

8. A oxidação natural dos minerais de sulfureto, a extração mineira e as fontes antropogénicas estão relacionadas com os oligoelementos e a exposição ocorreu através da inalação de poeiras, do solo, dos alimentos e da água.

9. A PCA sugeriu que as fontes de Pb/Zn/As provinham das formações Keana (arenito) e Ezeaku (xisto-mudstone-siltstone), enquanto o Ni/Cr provinha da formação Awgu (xisto).

6.2 CONCLUSÕES

Em conclusão, a distribuição de elementos vestigiais na área de estudo foi influenciada pela mineralização generalizada, pela exploração mineira e por factores antropogénicos, através dos quais os metais vestigiais foram libertados no solo, na água e nas terras agrícolas. Os elevados teores de Zn, Ni, Cr, Pb e As, e os níveis reduzidos de Se e I no solo, nos sedimentos e na água, tal como revelado por índices de poluição como Igeo, EF, CF e PLI, tiveram impacto no ambiente, na qualidade do sal e da água potável. Os problemas de saúde humana, como as DDI e as infecções por VIH, que estavam relacionadas com o iodo e o selénio, são algumas das implicações da dinâmica dos metais vestigiais revelada por esta investigação.

Os factores induzidos pelo homem, como a proliferação das actividades de extração e transformação de minerais na zona, continuarão a aumentar o nível de metais pesados no ambiente se não forem controlados. A isto acresce o facto de mais de 80% das populações serem rurais, agrárias, pouco alfabetizadas e terem vivido toda a sua vida em contacto estreito com a terra ou o solo, sobre o qual estes elementos foram libertados.

6.3 RECOMENDAÇÕES

6.3.1 Do estudo

1) As concentrações elevadas que resultam na poluição da água e do solo por arsénio (As) observadas no estudo, especialmente em Azara, devem ser tratadas como prioridade. Isto pode ser conseguido através da melhoria das actuais práticas mineiras brutas e do despejo indescriminado de rejeitos e outros resíduos mineiros em cursos de água, lagoas e também em terras agrícolas, como observado. As comunidades em torno dos sítios mineiros devem dispor de fontes alternativas de água potável limpa e não contaminada. Este método de mitigação para fornecer água potável é o mais adequado e imediato, uma vez que os métodos de remediação conhecidos em grande escala que utilizam adsorção, permuta iónica, coagulação e osmose inversa (O'Reilly et al, 2010) são dispendiosos, inviáveis e não sustentáveis nas zonas rurais. 2) Será necessária mais investigação sobre a especiação de espécies e dinâmicas de arsénio, iodo e selénio para proporcionar uma maior compreensão da natureza da toxicidade ou não destes elementos no ambiente. 3) Embora os níveis de Pb e Cd não sejam alarmantes neste momento, o Pb, por exemplo, pode tornar-se um problema com o tempo, o que exigiria medidas para evitar que as pessoas estejam continuamente expostas, para prevenir qualquer eventualidade. Evitar as áreas de solo contaminado ou escavar o solo (até cerca de 6-10 pés) para o substituir por solo fresco não contaminado nas áreas onde as pessoas vivem, será altamente desejável. 4) Uma vez que o solo da zona estava empobrecido em iodo e selénio, foi recomendada a suplementação dos dois oligoelementos no solo, no sal de mesa e nos alimentos. Os fertilizantes suplementados com I e Se foram recomendados para uso dos agricultores. Os salineiros locais devem ser apoiados e encorajados a usar tecnologia moderna e melhorada para o processamento do sal, especialmente no uso de material filtrante para peneirar e obter o filtrado da salmoura. Isto ajudaria a reduzir a perda de iodo e selénio no processo e no produto final. Além disso, a investigação sobre o estudo da dinâmica da concentração de iodo e selénio com doenças relacionadas, como o bócio e a prevalência do VIH, seria útil para compreender a influência destes elementos essenciais.

6.3.2 Questões políticas

Havia uma necessidade urgente de iniciar a formação de um grupo de estudo multidisciplinar envolvendo geólogos, ambientalistas, químicos, nutricionistas, médicos, decisores políticos e outros profissionais relacionados, para começar a analisar questões de importância geo-médica. Isto foi feito tendo em conta os recentes episódios de envenenamento por chumbo nos Estados de Zamfara e do Níger, que custaram a vida a mais de 400 crianças e adultos, com muitos em risco. Como lição da incidência de Zamfara, a Nigéria precisaria de seguir um curso para gerar informação de base e uma base de dados (com diferentes conjuntos de dados), de oligoelementos nas diferentes geo-regiões, para poder compreender a disseminação espacial, as potenciais ameaças e elaborar uma política nacional.

O grupo de peritos proposto deveria realizar acções de sensibilização do público e aconselhamento especializado aos mineiros e aos membros da comunidade sobre os perigos da exploração mineira ilegal, a exposição aos metais extraídos e aos elementos associados, bem como sobre métodos de transformação melhorados. Enquanto país, a Nigéria deve começar a recolher informações sobre as causas de morte; autópsias clínicas e verbais, investigar epidemias, catástrofes, etc., com vista a determinar as causas que podem estar relacionadas com a geologia local ou outras causas, para que se possa planear a preparação para emergências e a atenuação.

CONTRIBUIÇÃO PARA O CONHECIMENTO

Esta investigação constitui uma base para o desenvolvimento de uma base de dados geoquímicos multielementos que conduzirá a uma melhor compreensão da geoquímica regional do Médio Benue Trough. O estado de poluição ambiental (no que diz respeito à contaminação de elementos vestigiais) foi determinado nesta investigação. Isto foi conseguido através da utilização de indicadores de poluição tais como o índice de geo-acumulação, o fator de enriquecimento, o fator de contaminação, bem como o índice de carga de poluição. A questão de saber se o sal de Awe-Keana NaCl continha iodo natural e se o sal era seguro para os seres humanos foi revelada nesta investigação. O iodo e o selénio estavam empobrecidos no sal (devido à sua retenção pela argila e pelo MOS) mas compensados, devido à presença dos dois na água potável.

Este estudo constitui uma ferramenta de referência para a avaliação do impacto ambiental e a investigação em geologia médica na Nigéria, tendo em conta as ameaças emergentes para a saúde humana, reveladas pelo recente envenenamento por chumbo (Pb) nos Estados de Zamfara e do Níger, bem como a necessidade de proteger o ambiente do perigo iminente representado pelas actividades humanas. Esta investigação é, por conseguinte, um contributo para a abordagem de uma série de questões ambientais a partir das quais podem ser planeadas estratégias de atenuação, a fim de reduzir a morbilidade/mortalidade relacionada com doenças na região.

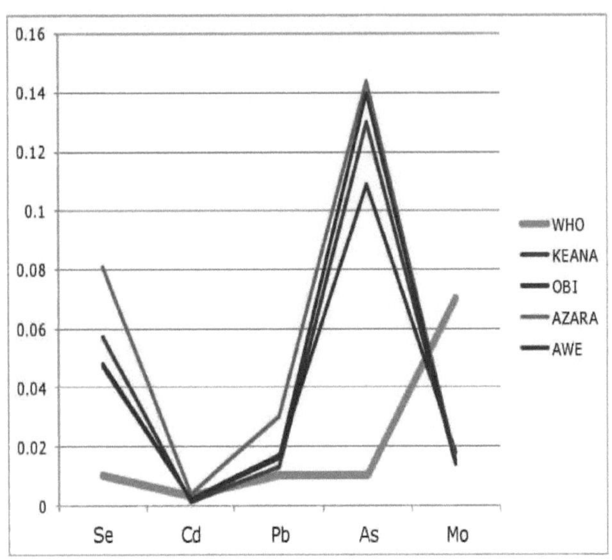

Figure 74: **Elementos na água potável em comparação com o limite admissível da OMS**

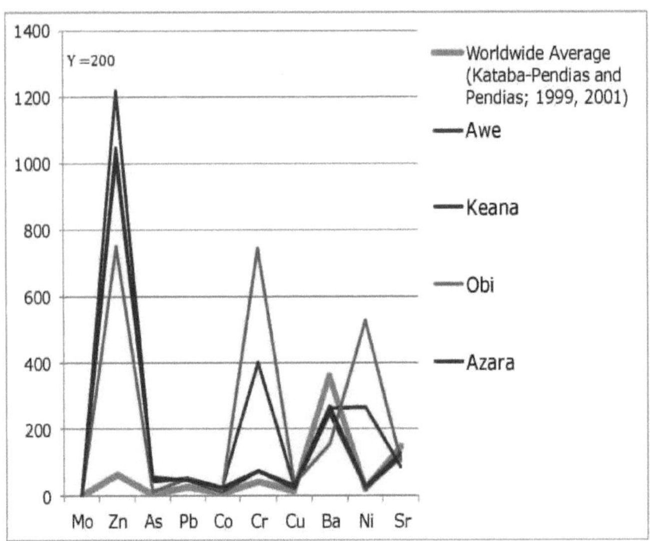

Figure 75: **Elementos vestigiais no solo da área de estudo em comparação com as médias mundiais**

Placa 29: O processo de produção de sal em Awe (terra e água salgada para misturar)

Placa 30: O processo de produção de sal (filtrado de salmoura peneirado)

Placa 31: O Filtrado de Salmoura no Processo de Peneiramento

Placa 32: O processo de produção de sal (cristal de sal, produto final) Em Keana, a sul da área do projeto.

REFERÊNCIAS

Abdi, H., & Williams, L. (2010). Análise de componentes principais. *Wiley Interdisciplinary Reviews:* Computational Statistics, *2*(4), 433-459. doi:10.1002/wics.101.

Adaikpoh, O.E., Nwejei, G.E., & Ogola, J.E. (2005). Contribuições de metais pesados no carvão e nos sedimentos do rio Ekulu em Enugu, cidade carbonífera da Nigéria. *Jornal de Ciências Aplicadas e Gestão Ambiental, 9*(3), 5-8.

Adiuku-Brown, M.E., & Ogezi, A.E. (1991). Heavy metal pollution from mining practice: A case study of Zurak. *Journal ofMining and Geology, 27*(2), 205-211.

Adiuku-Brown, M.E., Ngarbu, K., Davou, D.D., & Salako, A.E. (2006). O impacto das salmouras na qualidade das águas subterrâneas da zona de Awe. *Jornal de Ciências Ambientais, 10*(1), 58-67.

Adriano, D.C. (2001). Trace elements in terrestrial environments: Biogeoquímica, biodisponibilidade e avaliações de risco, (2nd ed.), Berlim: Heidelberg Springer-Verlag.

Agency for Toxic Substances and Disease Registry (ATSDR), Serviço de Saúde Pública dos EUA, Top 20 Hazardous Substances: Lista de prioridades ATSDR/EPA para 1999.

Ajakaiye, D.E., & Burke, K.E. (1972). Mapa de gravidade Bouguer da Nigéria. *Technophysics, 16*(1), 103-115.

Akande, S.O., Egenhoff, S.O., Obaje, N.G., Ojo, O.J., Adekeye, O.A., & Erdtmann, B.D.

(2011). Evolução estratigráfica e potencial petrolífero dos sedimentos do Cretáceo médio na calha inferior e média de Benue, Nigéria: Insights from new source rock facies evaluation. *Jornal de Desenvolvimento Tecnológico do Petróleo, 1,* 74 -106.

Alumaa, P., Kirso, U., Petersell, V., & Steinnes, E. (2002). Sorção de metais pesados tóxicos no solo. *International Journal ofHygiene and Environmental Health, 204*(1), 375-376.

Antapaitis, A., Lubite, J., Antapaitis, S., & Staugaitis, W. (2004). Regularidade na distribuição de selénio em solos aráveis da Lituânia. Terceira Conferência Internacional sobre Metais Pesados Radionuclídeos e Elementos-biofills no Ambiente. *Cazaquistão: Semipalatinsk* (pp 159-164).

Ashano, E.C, Adiuku-Brown, M.E., & Ayara, E.U. (2006). Arsénio, chumbo e ferro em solos e sedimentos de ribeiras do complexo de Rop, no centro-norte da Nigéria. *Revista Africana de Ciências Naturais, 9*(1), 51-57.

Baum, M.K., Migues-Burbano, M.J., Campa, A., & Shor-Posner, G. (2000). Selénio e interleucinas em pessoas infectadas com o vírus da imunodeficiência humana tipo 1.

Journal of Infectious Diseases, 182(1), 569 - 573.

Bentor, K. (1969). Sobre a evolução da salmoura subsuperficial em Israel: Um artigo sobre a geoquímica das salmouras de subsuperfície. *Chemical Geology, 4*, 10-12.

Bissen, M., & Frimmel, F.H. (2003). Arsénio - Uma revisão: Ocorrências, toxicidade, especiação e mobilidade. *Ata Hydrochim Hydrobiology, 31*, 9-18.

Borch-Iohnsen, B., & Petersson-Grawe, K. (1995). Ferro. In A. Oskarson, (Ed.), Risk evaluation of essential trace elements - essential versus toxic levels of intake. (pp 67-118). Copenhaga: Nordic Council Publishers.

Bradehoeft, J.D., Blyth, C.R., White, W.A. e Maxey, G.B. (1963). Possível mecanismo de concentração de salmouras em formações subsuperficiais. *Boletim AAPG, 47*, 257-269.

Burke, K.C., & Whiteman, A.J. (1970). Geological history of the Benue valley, In T.F.J. Dessauvagie (Ed.) *African Geology*. Ibadan: University of Ibadan Press.

Carla, W.M. (1995). Geologia médica: A geologia ambiental (4th ed.). Dubuque, Iowa: WmC. Brown Publishers.

Carter, J.D., Barber, W.M., & Tait, E.A. (1963). The geology of parts of Adamawa, Bauchi and Borno provinces in northeastern Nigeria (A geologia de partes das províncias de Adamawa, Bauchi e Borno no nordeste da Nigéria). *Boletim do Serviço Geológico, 30*, 108-121.

Chanda, M.S., Obaje, N.G., Moumouni, A., Goki, N.G., & Lar, U.A. (2010).

Impacto ambiental da extração artesanal de barytes na zona de Azara, Middle Benue Trough, Nigéria. *Jornal de Ciências da Terra, 4* (1), 38-42.

Chen, Y.W., Belzile, N., & Gunn, J.M. (2001). Antagonistic effects of selenium on mercury assimilation by fish population ear Sunbury metal smelters. *Limnos Oenology, 46*, 1814-1818.

Chins, B. (2000). Situação atual e perspectivas da prevenção e tratamento dos distúrbios por deficiência de iodo na China. *Jornal Chinês de Epidemiologia, 19*, 1-2.

Christensen, T.H., & Hang, P.M (1999). Cádmio em fase sólida e a reação do cádmio aquoso com as superfícies do solo. Em M. J. McLaughlin, & B.R. Singh (Eds.), Cadmium in soils and plants. London: Kluwer Academic Publishers.

Cheery, D.J., Gateman, W.H., Kabata-Pendias, A., & Lisk, D. (1989). Concentrações de elementos em equilibrados de cinzas volantes de carvão e lignite. *Journal of Agriculture and Food Chemistry, 27*, 910-911.

Cratchley, J.D., & Jones, G. P. (1965). An interpretation of the geology and gravity anomalies of the Benue valley Nigeria (Uma interpretação da geologia e das anomalias gravitacionais do vale do Benue, Nigéria). Serviço Geológico Ultramarino, *Geofísica, 1*, 26-27.

Da Silva, E.F., Zhang, C., Pinto, L.S., Patinha, C., & Reis, P. (2004). Avaliação do risco de arsénio e chumbo em solos da área mineira de Castromil Gold, Portugal. *Geoquímica Aplicada, 19*, 887-898.

Davies, T.C. (1996). Geo-medicina no Quénia: Em T.C. Davies, (Ed.). Environmental geology of Kenya,. *Jornal de Ciências da Terra Africanas, 23*(4), 577-591.

Davies, T.C. (2000). Editorial: Environmental geochemistry and health, *edição especial*, *24*(2), 97.

Davies, T.C. (2003). Alguns problemas ambientais de relevância geo-médica na África Oriental e Austral. Em H.C.W. Skinner & A. Berger (Eds.), *Geology and Health - closing the gap*, Londres: Oxford University Press.

Davies, T.C., & Schluter, T. (2002*)*. Situação atual da geo-medicina na África Oriental e Austral. *Journal of Environmental Geochemistry and Health, 24*(4), 99-102, Londres: Kluwer Academic Publishers.

Dibal, H.U., & Lar, U.A. (2005). Preliminary survey of fluoride concentrations in the ground water of Kaltungo area, Gombe state, northeastern Nigeria, *Journal of Environmental Sciences, 2*(9), 41-52.

Dissanayake, C. (2005). Vozes globais da ciência - De pedras e saúde: Medical geology in Sri Lanka, *Essays on Science and Society, 309*(5736), 883-885.

Eichenberger, B.A., & Chen, K.Y. (1982). Origem e natureza de constituintes inorgânicos selecionados em águas naturais. Em R.A. Minear & L.H. Keith (Eds.), Water analysis *1*, *Inorganic Species*, London: Academic Press Inc.

Ekwere, S.J., & Ukpong, E.E. (1994). Geochemistry of saline ground water in Ogoja, Cross River state. *Jornal de Mineralogia e Geologia, 30*(1), 11-15.

Ezeh, H.N., & Chukwu, E. (2011). Mineração em pequena escala e poluição de solos agrícolas por metais pesados: Um estudo de caso dos distritos mineiros de Ishiagu, no sudeste da Nigéria. *Journal of Geology and Mining Research, 3*(4), 87-107.

Facchinelli, A., Sacchi, E., & Mallen, L. (2001). Abordagem estatística multivariada e baseada em SIG para identificar fontes de metais pesados nos solos. *Environmental Pollution, 114*, 313-324

Falconer, J.D. (1911). The geology and geography of northern Nigeria. Londres: Macmillan.

Fang, W., & Huang, Z. (2003). Deficiência ambiental de Se-Mo-B e seus possíveis efeitos nas culturas e na doença de Keshan-Beck (KBD) na área de Chousang, condado de Yao, província de Shaanxi, China. *Journal* of *Environmental Geochemistry and Health, 25*(2), 267-280.

Farrington, J.L. (1952). Uma descrição preliminar do campo de chumbo-zinco da Nigéria. *Série Geologia Económica, 47*, 583-608.

Finkelman, R.B. (1999). Oligoelementos no carvão - significado ambiental e para a saúde. *Biological Trace Element Resources, 67,* 197-204.

Fiona, F., Jane, P., Barry, S., Don, A., Chris, J., Pauline, S., & Lorraine, W. (1999). Environmental Geochemistry and Health - Global Perspectives (Geoquímica Ambiental e Saúde - Perspectivas Globais). Documento para o workshop 2 da definição de uma agenda para a investigação sobre saúde e ambiente em Mona, Jamaica. *Health and Environmental Resources*, *1*, 12-14.

Ford, S.O. (1980). Recursos minerais económicos da calha do Benue. Em A. Volgel (Ed.), *Journal of*

Science and Earth Evolution 2, 33-47.

Fuge, R. (1988). Fontes de halogéneos no ambiente, influências na saúde humana e animal. *Journal of Environmental Geochemistry and Health, 10*, 51-61.

Fuge, R (2005). Fontes antropogénicas. Em O. Sellinus (Ed.), Essentials of Medical Geology - impacts of the natural environment on public health (pp. 43-60). Amsterdam: Elsevier.

Forstner U., Ahlif, W., & Calmano, W. (1993). Objectivos de qualidade dos sedimentos e desenvolvimento de critérios na Alemanha. *Water Science Tehcnology, 28*, 307-316.

Garba, H.A. (2000). Chumbo na barragem da Universidade Ahmadu Bello (A.B.U). (Tese de mestrado) Universidade Ahmadu Bello, Zaria.

Grant, N.K. (1971). Atlântico Sul, Calha de Benue e Golfo da Guiné - Junção Tripla Cretácica. Sociedade Geológica Americana. *Boletim Americano, 82*, 2295-2298.

Hakanson, L. (1980). Um índice de risco ecológico para o controlo da poluição aquática e abordagens sedimentológicas. *Water Research Journal, 14*, 975-1001.

Haygarth, P.M. (1994). Global importance and global cycling of selenium. Em W.T. Frankerberger & S. Benson (Eds.), Selenium in the Environment. Dekker, Nova Iorque: Marcel.

Hem, J.D. (1965). Estudo e interpretação das caraterísticas químicas da água natural. *USGS Water Supply Paper, 1473*, 269-281.

Ibe, K.K., & Nwobi, B.C. (1996). Drancunliasis transmission and variation in geological formations - A preliminary study in Afiko-Amasiri region of southeastern Nigeria, *Nigeria Journal of Parasitology, 17*, 75-81.

Programa Internacional de Segurança Química (1999). Critérios de saúde ambiental 210: Principles for the assessment of risk to human health from exposure to chemicals (Relatório do Programa Internacional de Segurança Química) Genebra, Suíça.

Ikingura, J.R., & Akagi, H. (1996). Monitoring of fish and human exposure to mercury due to gold mining in the Lake Victoria gold fields, Tanzania. *The Science of the Total Environment, 199*, 59-68.

Jacobs, L.W. (1989). Selénio na agricultura e no ambiente. Em W.L. Madison (Ed.), *Publicação Especial da Sociedade Americana de Ciência do Solo.*

Johnson, C.C., Fordyce F.M., & Stewart, A.G. (2003). Controlos ambientais nas doenças por deficiência de iodo. Relatório de síntese do projeto. Relatório do projeto CR/03/058N, encomendado pelo British Geological Survey.

Kabata-Pendias, A. (1998). Geoquímica do selénio. *Jornal do Ambiente, Patologia e Toxicologia, 17*, 173-177.

Kabata-Pendias, A. (2004). Transferência de oligoelementos do solo para a planta - Uma questão ambiental. *Geoderma, 122*, 143-149.

Kabata-Pendias, A., & Krakowiak, A. (1998). Fitoindicador útil (Dandelion) para a poluição por metais vestigiais. 5ª Conferência Internacional sobre transporte, destino e efeitos da prata no ambiente, *1*, 145-149.

Kabata-Pendias, A., & Pendias, H. (1999). Biogeochemistry of trace elements, (2nd ed.), Warszawa: Wyd Nauk PWN.

Kabata-Pendias, A., & Pendias, H, (2001), Trace elements in soils and plants, (3rd ed.), Boca Raton, Florida: CRC Press.

Kabata-Pendias, A., & Piotrowska, M. (1999). Impacto das poeiras de combustão de fundição de Zn e Pb na especiação de Cd, Zn e Pb no solo e na sua disponibilidade para a cevada de primavera. *Boletim Académico Serbe Science Arts, 119*, 77-82.

Kabata-Pendias, A., & Sadurski, W. (2004). Elementos e compostos vestigiais no solo. Em E. Merian, M. Anke, M. Ihnat & M. Stoepppler (Eds.). Elements and their compounds in the environment, (2nd ed.), Weinheim: Willey.

Kabata-Pendias, A., & Terelak, H. (2004). Variação regional dos teores de elementos vestigiais (Cd, Cu, Ni, Pb, Zn) em gramíneas nativas da Polónia. Terceira conferência internacional sobre radionuclídeos de metais pesados e elementos de bioenchimentos no ambiente, *1*, 28-33. Cazaquistão: Semipalatinsk.

Kadunas, V., Budaviaus, R., Gregorauskiené, V., Katinas, P,. Kliugiene, E., Radzevicius, A., & Taraskievicius, R. (1999). Geochemical Atlas of Lithuania. Instituto Geológico.

King, L.C. (1950). Outline and disruption of Gondwanaland. *Geological Magazine*, *87*, 353-359.

Kizer, T., & Akingbehin, J. (1969). Relatório de Análise da Água da Área de Lafia - Makurdi. Serviço Geológico da Nigéria. Relatório de Laboratório No.1357.

Lar, U.A., & Sallau, A.K. (2005). Trace element geochemistry of the Keana brinesfield, Middle Benue Trough, Nigeria. *Journal of Environmental Geochemistry and Health, 27*(4), 331-339.

Lar, U.A., Dibal, H.U., Daspan, R.I., & Jaryum, S.W. (2007). Ocorrência de fluoreto nas águas superficiais e subterrâneas da área de Fobur de Jos East LGA, estado de Plateau, *Journal of Environmental Sciences, 11*(2), 99 -105.

Lar, U.A., & Tejan, A.B. (2008). Destaques de alguns problemas ambientais de importância geomédica na Nigéria. *Jornal de Geoquímica Ambiental e Saúde*, *30*, 383-389.

Lar, U.A. (2013). Oligoelementos e saúde: Um risco ambiental na Nigéria. *Ciências da Terra*, *2*(3), 66-72, Londres: Science Publishing Group.

Lar, U.A., Tsuwang, K.D., & Mangs, A.D. (2013). Contaminação por chumbo e mercúrio associada à extração artesanal de ouro no estado de Anka Zamfara, Nigéria: A continuing story of the unabated

Zamfara lead poisoning. *Journal of Earth Science and Engineering. 3*(11), 764 -775.

Laxen, D.P.H., & Harrison, R.M. (1983). The Physico-chemical speciation of selected metals in the treated effluent of a lead-acid battery manufacturer and its effect on metal speciation in the receiving water. *Water Resources, 17*, 71-80.

Li, Z., & Shuman, L. M. (1996). Movimento de metais pesados em perfis de solos contaminados com metais. *Série Ciências do Solo, 161*, 656 - 666.

Lokeshewari, H., & Chandrappa, G.T. (2006). Heavy metals content in water hyacinth and sediment of Lalbagh Tanks, Bangalore, *Indian Journal of Environmental Sciences*

Engenharia, 48, 183-188.

Loska, K., Cehula, J., Pelczar, J., Weichula, D., & Kwapuyinski, J. (1997). Utilização de factores de enriquecimento e contaminação juntamente com índices de geo-acumulação para avaliar Cd, Cu e Ni no reservatório de água de Rybnic na Polónia. *Water, Air and Soil Pollution, 93*, 347-365.

Lu, A. J., Wang, X., Qin, K., Wang, P. , Han, T., & Zhang, S. (2012). Análises multivariadas e geoestatísticas da distribuição espacial e origem de metais pesados nos solos agrícolas em Shunyi, Pequim. *China Science of the Total Environment, 425*, 66-74.

Mallo, S.J. (2011). A ameaça da drenagem ácida de minas: Um desafio iminente na extração do carvão de Lafia-Obi, Nigéria. *Revista Continental de Ciências da Engenharia. 6* (3), 46-55.

Mandal, B., Roychowdhury, T., Samanta, G., Basu, G.K., Chowdhury, P.P., & Chandra, C.R. (1996). Arsénio nas águas subterrâneas em sete distritos de Bengala Ocidental, Índia - A maior calamidade de arsénio do mundo. *Cur Science, 70*, 976-986.

Meng, X., Zhang, L., Wang, A., & Shi Chang, X. (1987). Fluoreto no ambiente ecológico da província ocidental de Jilling na China. In Proceedings of the environmental geochemistry and health, (pp. 336-338). Beijing: Geological Press.

Mertz, W. (1986). Trace elements in human and animal nutrition. London: Academic Press.

Monbesshora, C., Osibanjo, O., & Ajayi, S.O. (1983). Estudos de poluição nos rios nigerianos: O início da poluição por chumbo das águas superficiais em Ibadan. *Environmental Intern, 9*, 81-84.

Muller, G. (1969). Índice de geo-acumulação em sedimentos do rio Reno. *Jornal Geológico, 2*(3), 108-118.

Muller, G. (1979). Metais pesados nos sedimentos do rio Reno. *Geological Journal, 79*, 778-78.

Murat, R.C. (1970). Stratigraphy and paleogeography of the cretaceous and lower tertiary in southern Nigeria. Em *African Geology* (pp. 251-265). Ibadan: University of Ibadan Press.

Nakamar, Y., Tagami, K., & Uchida, S. (2005). Coeficiente de distribuição de selénio em solos agrícolas japoneses. *Chemosphere, 58*, 1347-1354.

Neal, R.H. (1995). Selénio. Em Heavy metals in soils (pp 260-283). B.J. Alloway (Ed.), *Blackie Academic and Professional.*

Ngozi-Chika, C.S. (2012). As consequências da exposição humana ao chumbo e a outros elementos potencialmente nocivos (PHEs) associados à extração de galena em New Zurak, na Nigéria central. (Tese de mestrado), Universidade de Jos.

Nriagu, J.O., & Pacyna, J.M. (1988). Quantitative assessment of worldwide contamination of air, water and soils by trace metals (Avaliação quantitativa da contaminação mundial do ar, da água e dos solos por metais vestigiais). *Nature, 1669*, 14-139.

Nwajide, C. S. (1990). Sedimentação e paleogeografia da calha central de Benue, Nigéria. Em C. O. Ofoegbu (Ed.). The Benue trough structure and evolution (pp 19-38). Vieweg: Braunschweig.

Obaje, N,G. (1994). Petrografia carbonífera, microfósseis e paleoambientes de medidas carboníferas do Cretácico no Médio Benue Trough da Nigéria. *Tuebinger Mikropalaeontologische Mitteilungen 11*,1-165.

Obaje, N.G., & Abaa, S.I. (1996). Potencial para hidrocarbonetos gasosos derivados do carvão no Médio Benue Trough da Nigéria. *Journal of Petroleum Geology, 19*,77-94.

Obaje, N.G., Lar, U.A, Nzegbuna, A.I., Moumouni, A., Chanda, M.S., & Goki, N.G. (2006). Geologia e recursos minerais do estado de Nasarawa: *An Investor's Guide*. Lagos: Elizabethan Publishers.

Obaje, N.G (2009). Geologia e Recursos Minerais da Nigéria. Notas de aula em Terra

Ciências 120. Berlim: Springer-Verlag Heidelberg. DOI 10.1007/978-3-54092685-

6-2.

Offodile, M.E. (1975). A Review of the geology of the cretaceous of the Benue valley. Em C.A. Kogbe (Ed.), *Geology of Nigeria* (pp 319-330), Lagos: Elizabethan Publishers.

Offodile, M.E. (1976a): The geology of the middle Benue, Nigeria. Universidade de Uppsala, Publicações do Instituto de Paleontologia, *4*.

Offodile, M.E. (1976b): A hydrogeochemical interpretation of the middle Benue and Abakaliki brine fields. *Jornal de Mineralogia e Geologia*, *13*, 2-15.

Offodile, M.E., & Reyment, R.A. (1976): The stratigraphy of the Keana-Awe area of the Middle Benue region of Nigeria. Instituto da Universidade de Uppsala. *Boletim de Geologia*, *7*.

Ogezi, A.E., & Adiuku-Brown, M.E. (1987). Estudos de oligoelementos e poluição nas áreas mineiras de Zurak e Jos, estado de Plateau. Em J.A.O. Onyeka (Ed.), Faculty of Natural Sciences Research Communications *1*, (1990), Universidade de Jos.

Ogola, J.S. (1988). Mineralization in the Migori greenstone belt Macalder, Kenya geological survey, African Geological Review (pp. 22-44), Haboken, New Jersey: John Wiley and Sons.

Ogola, J.S. (2003). Impact of gold mining on the environment and human health: A case study in the Migori gold belt in Kenya, *Environmental Geochemistry and Health, 24*, 141-158.

Olade, M.A. (1976). Sobre a génese dos depósitos de chumbo-zinco na fenda do Benue na Nigéria (Aulacogen): Uma reinterpretação. *Journal Mining Geology, 13*(2), 20-27.

Orajaka, S. (1972). Recursos de água salgada do estado central leste da Nigéria. *Jornal de Mineralogia e Geologia, 7*(1), 20-36.

O'Reilly, J., Watts, M. J., Shaw, A. L., & Ward, N. I. (2010). Contaminação por arsénico de águas naturais em San Juan e La Pampa Argentina. *Environmental Geochemistry and Health, 32*, 491-515.

Organização para a Cooperação e Desenvolvimento Económico (1993). Chumbo: Risk Reduction Monograph No. 1. Background and National Experience with Reducing Risk. Organização para a Cooperação e Desenvolvimento Económico - Relatório da OCDE *93*, 67.

Parr, R. M. (1983). Trace elements in human milk (Oligoelementos no leite humano). *Boletim da Agência Internacional da Energia Atómica, 25*(2), 7-15.

Petters, S.W. (1982). Central West African Cretaceous-Tertiary benthic foraminifera and stratigraphy. *Palaeontographica Abt. 179*,1-104.

Fénix, D.A. (1966). Fontes salinas da divisão de Lafia e da província de Ogoja. *Serviço Geológico da Nigéria.* No.1436.

Plant, J.A., Kinniburgh, D.G., Smedley, P.L., Fordyce, F.M., & Klinck, B.A (2004).

Arsénio e selénio. Em B.S. Dollar (Ed.), *Environmental Geochemistry, 9*, 17-66.

Prasad, M., & Srivatsava, V.C. (2004). Goiter endemicity in Deoria and Gonda districts Uttah Pradish and its geological linkage. Actas do workshop sobre geologia médica, IGCP - 454 Nagpur, Índia. *Publicação GSISP, 83*, 39-143.

Reyment, R.A. (1965). Aspects of the geology of Nigeria (Aspectos da geologia da Nigéria). Ibadan: Imprensa da Universidade de Ibadan.

Rodriguez-Martin, J.A., Lopez, A. M., & GrauCorbi, J.M. (2006). Teores de metais pesados em solos agrícolas na bacia do Ebro (Espanha): aplicação de métodos geoestatísticos multivariados para estudar variações espaciais. *Environmental Pollution, 144*, 1001-1012.

Sabo, O. A. (1986). A geologia da área a leste de Keana, Nigéria. (Tese de licenciatura), Universidade de Hull.

Siebielec, G., & Chaney, R.L. (2006). Necessidade de fertilizante de manganês para prevenir a deficiência de manganês durante a calagem para remediar solos Ni-fitotóxicos. *Ciência do Solo, Análise de Plantas, 37*, 1-17.

Sallau A. K. (1997). A salmoura na zona de Keana e a modernização da sua indústria. (Seminário de mestrado), Departamento de Geologia e Minas, Universidade de Jos.

Sallau A. K. (2002). Trace Element Geochemistry of the Keana Brinefield, Nigéria. (Dissertação de mestrado), Universidade de Jos.

Sallau A. K. (2009). As contribuições da geologia para a existência humana: Perspectivas e desafios em Alagolândia. Uma palestra proferida na primeira cimeira de educação de Alago, Doma, Estado de Nasarawa (17 de dezembro de 2009).

Sallau, A.K., Adamu, M.S., Mangs, A.D., & Lar, U.A. (2014). Avaliação de metais potencialmente tóxicos no solo e nos sedimentos do campo de salmoura de Keana no Médio Benue Trough, no centro-norte da Nigéria. *Jornal Americano de Proteção Ambiental. 3*(6-2), 77-88. doi: 10.11648/j.ajep.s.2014030602.10.

Sutherland, R.A. (2000). Sedimentos de leito associados a elementos vestigiais num riacho urbano, Oahu, Havai. *Enviro306nmental Geology, 39*, 611-627.

Stewart, A.G., Fordyce F.M., Ge, X., & Jiang, J.J. (2002). Deficiência de iodo ambiental coexistente e distúrbios por deficiência de iodo: O que estamos a perder? Hungria, 4-6 de setembro de 2002. Resumos da 20th Conferência Europeia do SEGH, Debrecen.

Szefer, P., Pempkowiak, J., Skwarzec, B., & Bojanowiski, R. (1996). Distribution and coassociations of selected metals in seals of the Antarctic. *Environmental Pollution, 83*, 341-349.

Tate, R.B. (1982). Memorando sobre os depósitos de baritina na província de Benue. *Relatório do Serviço Geológico da Nigéria, 1266*, 116-125.

Tattan, K. (1974). Análise do levantamento geológico da Nigéria, *não publicado. Relatório* n.º 778.

Tijani, M. N., & Loehnert, E. P. (2004). Exploração e técnicas tradicionais de processamento de salmoura em partes da calha do Benue, Nigéria. *International Journal of Mineral Processing, 74*,157-167.

Tomlinson, D. C., Wilson, J. G., Harris, C. R., & Jeffrey, D. W. (1980). Problemas na avaliação dos níveis de metais pesados em estuários e a formação de um índice de poluição. *Helgoland Mar. Resources 33*, 566-575.

Fundo das Nações Unidas para a Infância (2001). Children's and women's rights in Nigeria. Em H. Anthony (Ed.), *Publicação da Comissão Nacional de Planeamento e Relatório da UNICEF, 1,* 61-62.

Agência de Proteção Ambiental dos Estados Unidos. (2003). Regulamentos nacionais sobre água potável primária. Recuperado de http://www.epa.gov/safewater/dwh/tioe/thallium.html.

Vermes, L. (1989). Heavy metals in waters, soils and plants of a sewage irrigated lysimetric experiment at Keckemet, *6th International Trace Element Symposium, 1*, 199-207.

White, D.E., Hem, J.D., & Warrington, G.A. (1963). Chemical composition of sub-surface waters, *USGS* 440, *Professional Papers*, p 67.

Organização Mundial de Saúde. (1996). Oligoelementos na nutrição humana e na saúde humana. (Relatório da Organização Mundial de Saúde). Genebra: Autor.

Organização Mundial de Saúde. (2004). Diretrizes para a qualidade da água potável. (Relatório da Organização Mundial de Saúde). Genebra: Autor.

Witczak, S., & Adamczyk, A. (1995). Catálogo de índices físicos e químicos selecionados para contaminação de águas subterrâneas e métodos analíticos. *Bibl. Monitor Brodowiska, Warszawa* (em polaco).

Zhang, K.L. (1998). Doença de Keshan. Em G.Y. Geng (Ed.), *Epidemiology*, *3*(2), 378- 397 Beijing: Peoples Publishing House.

Zhang, J., & Liu, C.L. (2002). Composição fluvial e geoquímica estuarina de metais particulados na China: Caraterísticas da meteorização, impacto antropogénico e fluxos químicos. *Estuarine Coast Shelf Science, 54* (6), 1051-1070 doi: 10.1006/ecss.2001.0879.

APÊNDICE

APÊNDICE A: REAGENTES, SOLUÇÕES E CONDIÇÕES INSTRUMENTAIS DO ICP-OES

Reagentes e soluções utilizados durante a recolha de dados	**Objetivo/fase**
Solução tampão (pH 4 a pH 10)	Para correcções de pH
- Nitrato de amónio ($NH4NO3$) com hidróxido de sódio (NaOH) para ajuste do pH	
-	
- 1% de ácido clorídrico (HCl)	- Recipientes de limpeza;
- 1% Ácido nítrico ($HNO3$)	frascos e tubos de amostra
	- Manter os iões em solução
- 20% HCl + HNO3 (proporção 3:1)	- Digestão de sedimentos
Condições instrumentais (ICP-OES)	
Potência RF	1100 watts
Pressão do nebulizador	200 KPa
Fluxo auxiliar	1,5 L/min
Fluxo de plasma	15,0 L/min
Caudal da bomba de amostras	1,5 ml/min
Visualização de plasma	Axial
Atraso na recolha de amostras	30 segundos
Enxaguar	10 segundos
Taxa da bomba	15 rpm
Réplicas	3
Comprimento de onda do padrão interno (Y)	242.219nm

APÊNDICE B1: RESULTADOS ANALÍTICOS DAS ANÁLISES LABORATORIAIS DO ICP-OES

Amostras de água de furos, poços escavados e riachos

Analyte	As	Cd	Co	Cr	Cu	Mo	Ni	Pb	I
DL (ppb)	20	1	1	2	0.4	3	5	10	na
SKBW1	0.199	0.001	0.004	0.001	<DL	0.011	0.004	0.01	6.827
SKBW2	0.141	0.001	0.001	0.002	0.007	0.014	0.003	0.011	5.372
SKBW3	0.093	<DL	0.001	0.002	0.003	0.004	0.004	0.001	19.421
SKBW4	0.131	0.001	<DL	<DL	<DL	0.011	<DL	0.006	7.961
SKBW5	0.143	0.001	<DL	0.003	0.013	0.014	0.002	0.019	<DL
SKBW6	0.161	0.001	0.001	0.004	0.023	0.015	0.006	0.012	16.511
SKBW7	0.128	0.003	0.002	0.002	0.008	0.011	0.006	0.028	14.883
SKBW8	0.095	<DL	0.004	0.004	0.012	0.002	0.009	0.016	5.334
SKBW9	0.15	0.004	<DL	0.003	0.215	0.006	0.003	0.068	1.264
SKBW10	0.16	0.002	0.001	0.001	0.001	0.06	<DL	0.011	<DL
SKBW11	0.187	0.005	0.002	0.002	0.159	0.044	0.004	0.025	<DL
SKBW12	0.133	0.003	<DL	0.001	0.002	0.013	<DL	0.01	0.253
SKBW13	0.124	0.001	0.001	<DL	<DL	0.013	0.001	0.008	3.784
SKBW14	0.174	0.001	<DL	0.001	0.005	0.013	<DL	0.012	<DL
SKBW15	0.096	0.009	0.013	0.018	0.313	<DL	0.02	0.045	<DL
SKBW16	0.16	0.003	0.001	0.002	0.055	0.021	0.002	0.01	<DL
SKBW17	0.128	0.001	<DL	0.001	0.002	0.012	<DL	0.013	<DL
SKWS1	0.121	0.002	0.002	0.001	<DL	0.015	0.002	0.008	<DL
SKWS2	0.035	0.001	0.001	<DL	0.003	0.004	0.003	0.012	8.804
SKWS3	0.153	0.002	0.003	0.002	0.007	0.021	0.006	0.017	14.222
SKWS4	0.014	<DL	0.001	0.001	0.002	<DL	0.005	<DL	<DL
SKWS5	0.033	0.001	<DL	0.001	0.004	0.005	0.004	0.006	3.319
SKSTW1	0.068	<DL	0.001	0.002	0.008	0.003	0.007	0.011	<DL
SKSTW2	0.14	0.001	0.002	0.002	0.004	0.011	0.004	0.015	<DL
SKSTW3	0.182	0.001	0.002	0.002	0.003	0.012	0.006	0.007	<DL
SKSTW4	0.084	0.001	0.005	0.006	0.011	0.009	0.011	0.017	8.287

Amostras de água da lagoa, salmoura e carvão

Analyte	As	Cd	Co	Cr	Cu	Mo	Ni	Pb	I
DL (ppb)	20	1	1	2	0.4	3	5	10	na
SKOT B	0.178	0.005	0.003	0.001	0.003	0.006	<DL	0.025	<DL
SKOT1	2640	47.27	6.749	74.25	331.7	<DL	27.89	18.88	<DL
SKOT2	755.5	<DL	24.05	141.3	501.5	<DL	70.64	14.74	<DL
SKOT3	0.017	0.004	<DL	<DL	<DL	0.001	0.032	0.053	6.432
SKOT4	0.044	0.023	0.002	0.195	23.43	0.004	0.058	<DL	2.77
SKOT5	1983	35.49	7.124	98.79	59.57	<DL	32.21	43.83	<DL
SKOT6	2199	38.73	36.82	166.8	85.59	<DL	80.8	nd	1498
SKOT7	0.152	0.002	0.002	<DL	<DL	0.009	<DL	0.009	<DL
SKOT9	103.5	<DL	0.882	4.681	5.472	12.84	1.969	24.48	<DL
SKOT10	182	<DL	2.818	4.501	6.166	15.11	1.061	25.89	<DL
SKOT11	0.16	0.007	0.07	0.003	0.026	0.006	0.004	0.024	<DL
SKOT12	0.135	0.003	0.008	0.001	0.017	0.013	0.015	0.009	1.685
SKPW1	0.097	0.002	0.006	0.006	0.015	0.012	0.012	0.015	<DL
SKPW2	0.244	0.004	0.011	0.004	0.009	0.023	0.008	0.02	<DL
SKPW3	0.109	0.003	0.001	0.004	0.008	0.007	0.007	0.013	<DL
SKPW4	0.069	0.002	0.002	0.002	0.005	0.004	0.005	0.008	<DL
SKPW5	0.178	0.001	0.01	0.002	0.011	0.015	0.008	0.016	22.82
SKPW6	0.142	0.005	0.011	0.004	0.034	0.012	0.009	0.059	12.93
SKPW7	0.186	0.001	0.002	0.007	0.025	0.008	0.007	0.025	12.21
SKPW8	0.088	0.002	0.001	0.002	0.005	0.01	0.007	0.014	<DL
SKPW9	0.093	0.002	0.01	0.011	0.018	0.001	0.014	0.021	<DL
SKPW10	0.166	0.001	0.021	0.017	0.033	0.013	0.017	0.025	17.41
SKPW11	0.101	0.001	0.01	0.005	0.006	0.006	0.007	0.013	2.22
SKPW12	0.119	0.002	0.02	0.005	0.013	0.013	0.015	0.014	2.101
SKPW13	0.09	0.001	0.001	0.003	0.005	0.009	0.004	0.012	<DL
SKPW14	0.06	0.002	<DL	0.002	0.004	0.006	0.003	0.009	8.702
SKPW15	0.151	0.002	0.006	0.004	0.002	0.016	0.016	0.009	<DL
SKPW16	0.186	0.001	0.113	0.009	0.014	0.012	0.072	0.016	14.14
SKPW17	0.062	0.001	0.005	0.003	0.006	0.003	0.006	0.016	4.776
SKPW18	0.047	<DL	0.009	0.002	0.007	0.009	0.007	0.015	9.401

Sedimentos de lagoas e amostras de solo

Analyte	As	Cd	Co	Cr	Cu	Mo	Ni	Pb	I
DL(ppb)	20	1	1	2	0.4	3	5	10	na
SKPW21	0.055	<DL	0.001	0.006	0.014	<DL	0.005	0.041	4.875
SKPW22	0.178	0.001	0.002	0.002	0.029	0.011	0.006	0.018	19.63
SKPW23	0.154	0.002	0.001	0.003	0.013	0.015	0.003	0.015	9.199
SKPW24	0.171	0.001	0.003	0.003	0.012	0.011	0.007	0.02	<DL
SKPS1	144.6	<DL	8.943	32.35	16.59	3.664	23.2	29.9	3500
SKPS2	73.36	<DL	2.259	14.58	8.929	14.21	8.258	30.58	<DL
SKPS3	114.71	<DL	1.348	9.43	12.97	12.9	6.732	28.64	804.41
SKPS4	79.16	<DL	1.352	13.56	6.888	15.15	5.364	22.26	<DL
SKPS5	93.97	<DL	1.683	7.857	6.035	10.45	7.345	17.49	<DL
SKPS6	86.21	<DL	1.838	9.542	6.748	9.703	5.946	22.55	1660
SKSS1	<DL	<DL	188.8	188.9	45.8	<DL	63.68	92.67	205.62
SKSS2	<DL	<DL	111.4	89.18	71.09	<DL	53.73	73.01	555.91
SKSS3	<DL	<DL	6.539	111.2	16.49	<DL	13.72	23.34	<DL
SKSS4	<DL	<DL	104	9879	80.97	<DL	7322	129.6	1200
SKSS5	20.05	<DL	134.1	39.13	13.32	<DL	28.48	64.37	12.11
SKSS6	49.99	<DL	4.505	40.74	14.26	<DL	7.375	26.31	<DL
SKSS7	<DL	<DL	9.53	167	40.19	<DL	21.9	61.68	<DL
SKSS8	16.54	<DL	11.29	84.34	20.22	<DL	18.62	46.73	24.12
SKSS9	<DL	<DL	31.26	74.54	25.62	<DL	53.84	14.7	<DL
SKSS10	71.20	<DL	10.39	233.9	35.16	<DL	155.6	66.92	<DL
SKSS11	57.01	<DL	2.917	15.42	9.092	6.539	7.969	28.03	<DL
SKSS12	14.29	<DL	10.44	42.74	19.07	<DL	13.33	33.82	879.50
SKSS13	75.99	<DL	8.009	126.8	20.47	<DL	15.76	63.11	<DL
SKSS14	79.01	<DL	4.178	26.57	5.534	2.208	7.011	27.13	144.80
SKSS15	14.28	<DL	1.341	33.29	6.909	<DL	6.063	17.47	<DL
SKSS16	213.11	<DL	6.405	50.03	37.16	<DL	14.37	121.44	<DL
SKSS17	123.81	<DL	3.879	23.11	10.95	9.659	6.66	36.51	5752

Amostras de solo

Analyte	As	Cd	Co	Cr	Cu	Mo	Ni	Pb	I
DL(ppb)	20	1	1	2	0.4	3	5	10	na
SKSS23	101.2	<DL	4.337	45.32	31.41	11.4	12.43	64.95	<DL
SKSS24	54.29	<DL	3.16	24.84	9.201	<DL	7.563	23.49	<DL
SKSS25	94.19	<DL	3.752	25.48	5.032	7.082	5.038	18.57	2849
SKSS26	30.14	<DL	2.098	28.31	6.194	<DL	6.872	23.82	<DL
SKSS27	78.42	<DL	12.1	853.5	26.25	<DL	633.2	60.5	<DL
SKSS28	54.27	<DL	4.842	18.84	6.973	5.396	7.453	24.61	6562
SKSS29	13.99	<DL	10.25	58.74	13.75	<DL	11.6	27.97	<DL
SKSS30	85.49	<DL	5.424	49.08	8.546	<DL	10.94	25.25	<DL
SKSS31	<DL	<DL	16.41	127.6	72.05	<DL	107.8	3.459	5747
SKSS32	5.91	<DL	6.06	50.31	11.08	<DL	10.34	25.14	2150
SKSS34	15.94	<DL	5.93	94.68	15.17	<DL	15.96	28.98	2350
SKSS35	<DL	<DL	164.7	282.4	85.17	<DL	47.11	224.7	<DL
SKSS36	<DL	nd	136.1	196.1	125.4	<DL	112.9	147.7	<DL
SKSS37	<DL	<DL	12.99	238	42.13	<DL	28.84	86.09	2112
SKSS38	<DL	<DL	51.6	207.2	50.75	<DL	34.11	56.97	<DL
SKSS39	<DL	<DL	57.4	86.4	91.05	<DL	101.3	55.68	<DL
SKSS40	<DL	<DL	<DL	310.4	48.5	<DL	40.63	71.75	<DL
SKSS41	<DL	<DL	18.66	117.6	42.39	<DL	38.13	55.34	<DL
SKSS42	<DL	<DL	<DL	386.9	28	<DL	22.12	52.05	<DL
SKSS43	<DL	<DL	87.2	7708	34.51	<DL	6466	66.63	<DL
SKSS44	10.78	<DL	6.012	62.76	10.86	<DL	9.345	16.4	<DL
SKSS45	<DL	<DL	15.93	311.8	37.15	<DL	12.28	93.96	1119
SKSS46	<DL	<DL	11.38	76.24	20.76	<DL	20.29	34.39	<DL
SKSS47	<DL	<DL	38.33	261.7	57.77	<DL	38.06	73.33	<DL
SKSS48	<DL	<DL	13.16	84.29	25.4	<DL	17.59	37.97	1372
SKSS49	<DL	<DL	8.278	104.5	24.28	<DL	22.74	28.99	1046
SKSS50	48.81	<DL	5.466	128.8	38.98	<DL	61.91	49.22	<DL

Amostras de solo

Analyte	Se	Sr	Ti	V	Ba	Zn	P	S	Sc
DL ppb)	50	0.06	0.5	0.5	0.1	1	30	30	0.3
SKSS56	<DL	23.7	183.2	92.66	79.4	465.3	149.2	4997	2.624
SKSS57	<DL	248.5	1708	147.9	146.7	<DL	2671	5160	<DL
SKSS58	<DL	251.5	258.8	193.1	181.8	1739	2526	5357	<DL
SKSS59	<DL	20.04	119.6	95.68	57.2	390	171.6	3990	1.172
SKSS60	<DL	76.38	84.03	37.02	45.16	1297	346.5	4918	0.303
SKSS61	<DL	56.46	2134	176.6	329.6	202.1	3747	5463	4.212
SKSS62	<DL	199	1499	161.2	214.1	1536	2523	5036	2.177
SKSS63	<DL	131.9	133.7	72.33	922.6	1826	1475	7085	3.603
SKSS64	<DL	20.55	82.22	64.36	66.61	583.3	124.6	4483	0.68
SKSS65	<DL	221.9	162.5	90.12	103.3	1427	2718	5705	0.571
SKSS66	<DL	67.72	182.7	69.14	27.38	1123	304	5317	1.594
SKSS67	<DL	67.72	182.7	69.14	27.38	1123	304	5317	1.594
SKSS68	<DL	198.3	350.6	224.4	85.76	1056	3209	5373	<DL
SKSS69	<DL	64.7	144.7	60.63	58.76	866.5	329.4	4845	1.72
SKSS70	<DL	258.4	125.7	77.13	157.5	972.3	3779	5553	1.046
SKSS71	<DL	24.83	67.81	96.07	82.57	804.5	157.7	4938	2.626
SKSS73	<DL	80.49	70.87	53.36	81.13	1348	333.3	5596	1.636
SKSS74	<DL	200.4	326.1	256.3	347.5	<DL	2836	5305	<DL
SKSS75	<DL	102.7	98.18	47.33	335.9	1310	505.3	6904	4.772
SKSS76	<DL	29.95	65.69	38.62	135	255.2	205.4	2146	7.518
SKSS77	<DL	214	262.3	239	359.3	<DL	3004	5751	<DL
SKSS78	<DL	99.51	85.61	34.86	201.4	1670	504.1	7667	7.585
SKSS79	<DL	29.82	455.7	315.5	131.9	<DL	2786	3504	1.587
SKSS80	<DL	231.6	419.2	86.44	249.1	1658	3609	5844	0.782
SKSS81	<DL	99.99	251.8	<DL	253.2	1161	807.7	5761	5.977
SKSS82	<DL	147.7	74.61	292.6	677.1	450.6	2003	4261	<DL
SKSS83	<DL	247.7	236.2	143.9	480.6	2191	3937	5766	<DL
SKSS84	<DL	88.32	84.78	47.35	83.13	1242	422.6	6000	0.695
SKSS85	<DL	29.64	32.3	28.07	126.7	965.1	177.8	2730	2.508

Sedimentos de cursos de água e amostras de água de poços

Analyte	As	Cd	Co	Cr	Cu	Mo	Ni	Pb	I
DL (ppb)	20	1	1	2	0.4	3	5	10	na
SKSTS1	<DL	<DL	220.4	14150	86.18	<DL	12170	192.4	1018
SKSTS2	53.29	<DL	3.953	32.4	25.59	10.07	9.569	65.57	<DL
SKSTS3	<DL	<DL	16.82	291.2	41.76	<DL	17.17	68.36	1509
SKSTS4	48.55	<DL	9.089	52.46	39.65	<DL	24.18	83.63	<DL
SKSTS5	<DL	<DL	195.9	90.33	44.02	<DL	83.6	90.11	3294
SKSTS6	<DL	<DL	463	398	153.5	<DL	111.8	232.1	<DL
SKSTS7	135.8	<DL	2.599	36.83	11.33	11.73	4.366	5.481	7697
SKSTS8	<DL	<DL	31.95	218	50.99	<DL	85.29	83.85	<DL
SKSTS9	<DL	<DL	<DL	207.6	23.54	<DL	21.92	32.62	4865
SKSTS10	<DL	<DL	409.7	453.4	74.21	<DL	383.4	62.67	<DL
SKSTS11	194.3	<DL	7.623	31.16	29.53	4.069	7.897	18.81	998.2
SKSTS12	<DL	<DL	70.87	4878	84.05	<DL	4464	140.2	<DL
SKSTS13	<DL	<DL	nd	49.96	550.9	<DL	20.39	80.41	<DL
SKSTS14	<DL	<DL	5.961	216.4	48.84	<DL	26.74	83.1	<DL
SKWW1	0.257	0.001	0.005	0.003	0.018	0.021	0.002	0.023	21.56
SKWW2	0.184	0.001	0.008	0.004	0.017	0.009	0.011	0.022	35.7
SKWW3	0.105	0.003	0.002	0.006	0.005	<DL	0.008	0.019	3.833
SKWW4	0.192	0.001	0.007	0.002	0.006	0.02	0.011	0.016	1.882
SKWW5	0.121	0.002	0.001	0.004	0.002	0.012	0.007	0.011	23.51
SKWW6	0.389	0.002	0.002	0.003	0.008	0.014	0.003	0,013	21.81
SKWW7	0.209	0.002	0.001	0.002	<DL	0.021	0.005	0.014	10.98
SKWW8	0.189	0.002	0.002	0.004	0.016	0.014	0.006	0.018	21.56
SKWW9	0.163	0.002	0.002	0.001	0.002	0.022	0.004	0.011	23.96
SKWW10	0.158	0.001	0.001	<DL	0.002	0.019	0.004	0.008	17.36
SKWW11	0.166	<DL	0.027	0.002	0.01	0.019	0.023	0.008	27.35
SKWW12	0.155	0.002	0.004	0.003	0.012	0.013	0.006	0.022	33.26
SKWW13	0.116	0.002	0.006	0.006	0.019	0.013	0.013	0.015	15.46
SKWW14	0.218	0.002	0.002	0.002	0.011	0.018	0.005	0.019	15.41
SKWW15	0.201	0.001	0.002	0.002	0.002	0.015	0.006	0.026	7.943

Amostras de rocha e de cristais de sal

Analyte	As	Cd	Co	Cr	Cu	Mo	Ni	Pb	Sc
DL (ppb)	**20**	**1**	**1**	**2**	**0.4**	**3**	**5**	**10**	**0.3**
SKWW19	0.215	0.001	0.002	0.001	0.006	0.019	0.006	0.009	<DL
SKWW20	0.226	0.002	0.002	0.002	0.008	0.02	0.006	0.016	<DL
SKWW21	0.153	0.002	0.002	0.004	0.018	0.019	0.004	0.02	<DL
SKWW22	0.182	0.001	0.002	0.001	0.001	0.027	0.002	0.01	<DL
SKRS1	1692	24.74	17.23	154.7	38.66	<DL	51.36	4.095	<DL
SKRS2	2266	39.06	8.755	258.8	43.26	<DL	31.5	15.56	<DL
SKRS3	2389	47.3	17.77	254.9	55.8	<DL	38.84	11.74	<DL
SKRS4	2405	42.41	8.884	257.1	46.16	<DL	27.69	39.71	<DL
SKRS5	2982	51.36	6.652	109.8	61.56	<DL	28.85	58.39	2.37
SKRS6	2487	45.48	10.01	388.7	53.61	<DL	35.14	62.32	<DL
SKRS7	1836	28.4	28.72	124.7	75.3	<DL	55.17	nd	2.093
SKRS8	2429	42.17	10.13	121	44.06	<DL	27.55	29.3	<DL
SKRS9	1111	14.84	19.8	159.4	70.68	<DL	58.39	nd	9.277
SKRS10	2163	37.61	11.9	108.4	62.24	<DL	38.36	nd	3.589
SKRS11	1767	27.38	14.02	185.9	67.43	<DL	47.93	nd	5.553

SKBW = ÁGUA DE BURACO; SKWW = ÁGUA DE BURACO; SKSTW = ÁGUA DE CANAL; SKPW = ÁGUA DE LAGOA; SKPS = SEDIMENTOS DE LAGOA; SKSS = AMOSTRAS DE SOLO; SKSTS = SEDIMENTOS DE CANAL; SKRS = AMOSTRAS DE ROCHA; SKOT = OUTROS (carvão, salmoura).

APÊNDICE B2: ÍNDICE DE GEOACUMULAÇÃO, FACTORES DE ENRIQUECIMENTO E DE CONTAMINAÇÃO E VALORES DO ÍNDICE DE CARGA POLUENTE

Valores do índice de geo-acumulação de elementos vestigiais no solo da zona de Awe

Location #	I	Mo	Zn	As	Pb	Co	Cr	Cu	Ba	Ni
102	0.00	0.00	1.01	0.00	0.15	0.20	0.32	0.21	0.06	0.12
103	0.00	0.00	8.03	0.00	1.22	2.12	0.55	0.70	1.30	1.39
104	0.00	0.00	0.98	0.00	0.41	1.09	0.91	0.60	0.27	0.72
105	0.00	1.14	1.63	5.67	0.29	0.20	0.03	0.10	0.05	0.20
106	0.00	0.00	1.51	0.80	0.14	0.30	0.33	0.12	0.04	0.08
108	0.00	0.00	5.63	3.77	0.45	0.16	0.29	0.45	0.10	0.22
110	0.00	0.00	1.26	1.25	0.13	0.05	0.35	0.10	0.03	0.07
114	0.00	0.00	4.97	2.03	0.57	0.29	0.29	0.41	0.12	0.15
117	0.00	0.04	1.89	2.78	0.20	0.12	0.16	0.09	0.04	0.07
118	0.00	0.60	4.62	4.32	0.45	0.11	0.31	0.48	0.06	0.17
119	0.00	0.00	3.63	3.58	0.19	0.10	0.40	0.10	0.02	0.05
120	0.00	0.00	3.63	3.58	0.19	0.10	0.40	0.10	0.02	0.05
121	0.00	0.00	3.42	3.05	0.57	0.08	0.81	0.44	0.05	0.18
124	0.00	0.67	2.80	3.27	0.20	0.12	0.14	0.10	0.03	0.07
125	0.00	0.00	3.15	3.81	0.62	0.24	0.35	0.54	0.09	0.16
126	0.00	0.00	2.60	2.55	0.25	0.19	0.24	0.13	0.05	0.09
129	0.00	0.93	4.36	3.32	0.18	0.08	0.09	0.14	0.04	0.06
131	274.41	0.00	4.24	1.32	0.46	0.87	0.32	0.33	0.19	0.25
132	80.45	0.00	0.83	0.00	0.10	0.63	0.43	0.27	0.07	0.30
134	586.11	0.00	5.43	1.46	0.29	0.46	0.36	0.49	0.11	0.35
Mean	47.05	0.17	3.28	2.33	0.35	0.37	0.35	0.30	0.14	0.24

Valores do índice de geo-acumulação de elementos vestigiais no solo da zona de Keana

Location #	I	Mo	Zn	As	Pb	Co	Cr	Cu	Ba	Ni
2	0.00	0.00	0.47	0.00	0.19	0.19	0.53	0.48	0.12	0.15
5	100.33	0.00	0.00	0.00	1.04	3.02	47.33	2.35	0.08	81.63
6	0.00	0.00	2.76	2.13	0.21	0.13	0.20	0.41	0.08	0.08
8	0.00	0.00	6.00	0.00	0.50	0.28	0.80	1.17	0.07	0.24
9	201.67	0.00	4.06	0.71	0.38	0.33	0.40	0.59	0.53	0.21
11	0.00	0.00	3.21	0.00	0.12	0.91	0.36	0.75	0.13	0.60
12	0.00	0.00	6.47	3.04	0.54	0.30	1.12	1.02	0.02	1.73
14	0.00	0.73	5.23	2.43	0.22	0.08	0.07	0.26	0.06	0.09
15	73.54	0.00	2.08	0.61	0.27	0.30	0.20	0.55	0.17	0.15
17	0.00	0.00	8.38	3.24	0.51	0.23	0.61	0.60	0.02	0.18
19	12.11	0.25	3.52	3.37	0.22	0.12	0.13	0.16	0.02	0.08
20	0.00	0.00	1.55	0.61	0.14	0.04	0.16	0.20	0.28	0.07
21	0.00	0.00	8.84	9.10	0.97	0.19	0.24	1.08	0.04	0.16
22	480.93	1.08	5.15	5.29	0.29	0.11	0.11	0.32	1.26	0.07
23	211.62	0.00	2.47	0.20	0.30	0.32	0.27	0.54	0.03	0.24
24	0.00	0.16	4.11	4.32	0.20	0.12	0.12	0.22	0.03	0.06
26	0.00	0.17	2.44	0.66	0.17	0.21	0.14	0.31	0.04	0.08
34	238.21	0.79	3.54	4.02	0.15	0.11	0.12	0.15	0.05	0.06
35	0.00	0.00	2.02	1.29	0.19	0.06	0.14	0.18	0.06	0.08
Mean	93.61	0.18	3.81	1.86	0.39	0.55	1.91	0.74	0.14	2.95

Valores do Índice de Geo-acumulação de Oligoelementos no Solo da Zona da Azara

Location #	I	Mo	Zn	As	Pb	Co	Cr	Cu	Ba	Ni
144	348.99	0.00	0.00	0.00	0.27	1.57	0.85	0.39	0.07	0.46
145	0.00	0.00	5.37	3.59	0.46	0.21	0.28	0.50	0.14	0.26
146	0.00	0.00	3.76	2.34	0.18	0.59	0.22	0.36	0.14	0.30
147	0.00	0.00	1.46	0.00	0.59	2.17	0.45	0.53	0.38	0.25
148	0.00	0.00	7.09	1.06	0.54	0.25	0.28	0.59	0.27	0.84
149	190.55	0.00	4.02	3.05	0.19	0.08	0.19	0.15	0.05	0.06
150	177.17	0.00	3.12	5.34	0.16	0.21	0.18	0.16	0.07	0.13
151	0.00	0.00	3.41	3.53	0.44	0.29	0.24	0.52	0.09	0.18
152	0.00	0.00	2.25	0.00	0.41	0.75	0.43	0.58	0.13	0.15
Mean	79.63	0.00	3.39	2.10	0.36	0.68	0.35	0.42	0.15	0.29

Valores do índice de geo-acumulação de oligoelementos no solo da zona de Obi

Location #	I	Mo	Zn	As	Pb	Co	Cr	Cu	Ba	Ni
57	0.00	0.00	10.83	0.00	0.45	1.67	0.41	1.31	0.06	1.13
58	0.00	0.00	0.00	0.00	0.58	0.00	1.48	0.70	0.04	0.45
59	0.00	0.00	3.21	0.00	0.44	0.54	0.56	0.61	0.11	0.43
60	0.00	0.00	0.00	0.00	0.42	0.00	1.85	0.40	0.08	0.25
61	0.00	0.00	0.00	0.00	0.53	2.54	36.83	0.49	0.04	72.08
64	0.00	0.00	1.00	0.46	0.13	0.17	0.30	0.16	0.04	0.10
65	93.56	0.00	0.00	0.46	0.75	0.46	1.49	0.53	0.22	0.14
66	0.00	0.00	2.08	0.46	0.28	0.33	0.36	0.30	0.08	0.23
67	0.00	0.00	2.20	0.46	0.59	1.11	1.25	0.83	0.13	0.42
68	114.71	0.00	3.12	0.46	0.30	0.38	0.40	0.36	0.05	0.20
69	87.46	0.00	0.00	0.46	0.23	0.24	0.50	0.35	0.09	0.25
70	0.00	0.00	5.44	2.08	0.40	0.16	0.62	0.56	0.13	0.69
71	259.70	0.00	3.74	1.56	0.25	0.35	0.24	0.22	0.03	0.13
Mean	42.73	0.00	2.43	0.49	0.41	0.61	3.56	0.52	0.09	5.88

Valores do fator de enriquecimento (FE) de elementos vestigiais no solo da zona de Awe

Location #	I	Mo	Zn	As	Pb	Co	Cr	Cu	Ba	Ni
102	0.00	0.00	6.20	0.00	0.93	1.23	1.96	1.32	0.40	0.76
103	0.00	0.00	0.00	0.00	0.00	0.00	0.00	0.00	0.00	0.00
104	0.00	0.00	16.41	0.00	6.85	18.18	15.19	10.08	4.53	12.08
105	0.00	304.21	434.63	1508.01	77.79	52.68	9.28	25.56	13.78	52.36
106	0.00	0.00	27.17	14.36	2.60	5.35	5.94	2.14	0.79	1.47
108	0.00	0.00	0.00	0.00	0.00	0.00	0.00	0.00	0.00	0.00
110	0.00	0.00	50.99	50.62	5.40	2.11	14.08	3.90	1.28	2.91
114	0.00	0.00	776.75	317.93	88.58	44.99	45.39	63.38	18.54	23.29
117	0.00	2.56	131.44	193.83	13.74	8.34	10.86	6.29	2.57	4.55
118	0.00	49.45	382.93	357.88	37.41	9.27	25.54	40.01	4.75	14.04
119	0.00	0.00	107.95	106.42	5.68	2.84	11.83	3.10	0.45	1.37
120	0.00	0.00	107.95	106.42	5.68	2.84	11.83	3.10	0.45	1.37
121	0.00	0.00	0.00	0.00	0.00	0.00	0.00	0.00	0.00	0.00
124	0.00	18.52	77.19	89.99	5.56	3.44	3.92	2.71	0.90	1.85
125	0.00	0.00	142.43	172.31	28.00	10.72	15.97	24.39	3.95	7.04
126	0.00	0.00	46.94	45.91	4.57	3.48	4.31	2.35	0.83	1.69
129	0.00	26.96	126.25	96.08	5.27	2.37	2.73	3.92	1.30	1.61
131	2722.39	0.00	42.06	13.05	4.56	8.59	3.17	3.29	1.85	2.52
132	506.61	0.00	5.20	0.00	0.64	3.96	2.73	1.71	0.47	1.87
134	3658.26	0.00	33.92	9.12	1.83	2.85	2.22	3.09	0.70	2.17
Mean	344.36	20.09	125.82	154.10	14.76	9.16	9.35	10.02	2.88	6.65

Valores do fator de enriquecimento (EF) dos oligoelementos no solo da zona de Keana

Location #	I	Mo	Zn	As	Pb	Co	Cr	Cu	Ba	Ni
2	687.64	0.00	67.52	0.00	8.67	47.93	6.30	15.07	0.49	8.86
5	0.00	0.00	14.06	0.00	5.65	5.74	16.03	7.13	3.66	4.62
6	0.00	0.00	0.00	0.00	0.00	0.00	0.00	0.00	0.00	0.00
8	0.00	0.00	162.94	126.15	12.48	7.74	11.50	12.08	4.78	4.86
9	0.00	0.00	0.00	0.00	0.00	0.00	0.00	0.00	0.00	0.00
11	667.91	0.00	134.38	23.36	12.41	10.86	13.33	9.59	17.54	6.87
12	0.00	0.00	22.37	0.00	0.82	6.34	2.48	2.56	0.88	4.19
14	0.00	0.00	0.00	0.00	0.00	0.00	0.00	0.00	0.00	0.00
15	0.00	116.20	834.23	387.99	35.82	13.52	11.74	20.77	8.78	14.16
17	1778.92	0.00	50.44	14.76	6.41	7.34	4.94	6.61	4.20	3.59
19	0.00	0.00	0.00	0.00	0.00	0.00	0.00	0.00	0.00	0.00
20	844.13	17.16	245.52	235.17	15.17	8.47	8.85	5.53	1.62	5.45
21	0.00	0.00	193.47	75.96	17.47	4.86	19.82	12.34	34.56	8.42
22	0.00	0.00	0.00	0.00	0.00	0.00	0.00	0.00	0.00	0.00
23	289.35	64.86	310.35	318.36	17.65	6.79	6.65	9.45	75.82	4.47
24	3135.69	0.00	36.63	2.97	4.46	4.76	3.93	3.96	0.51	3.63
26	0.00	19.70	491.79	516.55	24.03	14.43	14.17	13.11	3.86	6.65
28	0.00	4.70	68.67	18.52	4.70	5.80	3.87	4.34	1.12	2.34
30	143.87	66.54	361.79	216.08	12.56	6.40	7.94	6.15	4.41	11.67
33	0.00	0.00	0.00	0.00	0.00	0.00	0.00	0.00	0.00	0.00
34	0.00	0.00	155.72	159.50	12.97	6.32	8.17	9.07	1.61	5.80
35	208.81	68.96	309.00	351.26	13.02	9.53	10.63	6.30	3.94	4.91
36	0.00	0.00	157.23	100.20	14.89	4.75	10.53	6.91	4.38	5.97
38	0.00	0.00	0.00	0.00	0.00	0.00	0.00	0.00	0.00	0.00
41	361.30	39.66	256.73	152.78	13.02	9.28	5.94	6.59	4.97	5.48
43	0.00	0.00	33.40	14.12	5.31	7.05	6.63	4.66	0.79	3.06
Mean	387.00	12.11	128.62	87.73	8.60	7.65	7.03	6.14	6.02	4.30

Valores do fator de enriquecimento dos oligoelementos no solo da zona de Obi

Location #	I	Mo	Zn	As	Pb	Co	Cr	Cu	Ba
57	0.00	0.00	112.87	0.00	4.66	17.40	4.30	13.61	0.61
58	0.00	0.00	0.00	0.00	3.52	0.00	9.07	4.25	0.25
59	0.00	0.00	0.00	0.00	0.00	0.00	0.00	0.00	0.00
60	0.00	0.00	0.00	0.00	4.43	0.00	19.62	4.26	0.84
61	0.00	0.00	0.00	0.00	14.00	66.37	963.78	12.94	1.05
64	0.00	0.00	10.44	4.80	1.37	1.82	3.13	1.62	0.46
65	1344.6	0.00	0.00	6.61	10.84	6.66	21.41	7.65	3.17
66	0.00	0.00	11.36	2.52	1.51	1.81	1.99	1.63	0.43
67	0.00	0.00	10.78	2.26	2.89	5.46	6.13	4.06	0.63
68	682.61	0.00	18.54	2.74	1.81	2.28	2.40	2.17	0.32
69	316.79	0.00	0.00	1.67	0.84	0.87	1.81	1.26	0.34
70	0.00	0.00	0.00	0.00	0.00	0.00	0.00	0.00	0.00
71	2126.3	0.00	30.63	12.74	2.01	2.83	1.96	1.83	0.28
Mean	343.88	0.00	14.97	2.56	3.68	8.12	79.66	4.25	0.64

Valores do fator de enriquecimento dos elementos vestigiais no solo da zona da Azara

Location #	Mo	Zn	As	Pb	Co	Cr	Cu	Ba	Ni
144	0.00	0.00	0.00	8.05	46.93	25.27	11.55	2.18	13.83
145	0.00	325.07	217.15	27.81	12.57	16.68	30.47	8.36	16.02
146	0.00	29.76	18.51	1.41	4.70	1.72	2.88	1.11	2.40
147	0.00	0.00	0.00	0.00	0.00	0.00	0.00	0.00	0.00
148	0.00	0.00	0.00	0.00	0.00	0.00	0.00	0.00	0.00
149	0.00	273.82	207.97	12.77	5.14	12.75	10.07	3.14	3.96
150	0.00	58.96	100.82	3.05	3.90	3.44	3.06	1.33	2.51
151	0.00	5767.86	5967.82	744.26	486.85	408.27	875.11	157.27	302.72
152	0.00	141.29	0.00	25.95	46.98	27.04	36.62	8.36	9.26
Mean	0.00	732.97	723.59	91.48	67.45	55.02	107.75	20.19	38.97

Valores do fator de contaminação (Cf) e do índice de carga poluente (PLI) dos oligoelementos no solo da zona de Obi

Location #	Mo	Zn	As	Pb	Co	Cr	Cu	Ba	Ni	Sr	PLI
57	0.00	0.17	0.00	0.02	0.24	0.01	0.09	0.00	0.06	0.00	1.00
58	0.00	0.00	0.00	0.02	0.00	0.04	0.05	0.00	0.03	0.00	1.00
59	0.00	0.05	0.00	0.02	0.08	0.01	0.04	0.00	0.02	0.00	1.00
60	0.00	0.00	0.00	0.02	0.00	0.04	0.03	0.00	0.01	0.00	2.00
61	0.00	0.00	0.00	0.02	0.37	0.88	0.04	0.00	4.00	0.00	1.00
64	0.00	0.02	0.10	0.01	0.03	0.01	0.01	0.00	0.01	0.00	29.00
65	0.00	0.00	0.10	0.03	0.07	0.04	0.04	0.00	0.01	0.00	1.00
66	0.00	0.03	0.10	0.01	0.05	0.01	0.02	0.00	0.01	0.00	1.00
67	0.00	0.04	0.10	0.02	0.16	0.03	0.06	0.00	0.02	0.00	1.00
68	0.00	0.05	0.10	0.01	0.06	0.01	0.03	0.00	0.01	0.00	1.00
69	0.00	0.00	0.10	0.01	0.03	0.01	0.02	0.00	0.01	0.00	1.00
70	0.00	0.09	0.44	0.02	0.02	0.01	0.04	0.00	0.04	0.00	1.00
71	0.00	0.06	0.33	0.01	0.05	0.01	0.02	0.00	0.01	0.00	1.00
Mean	0.00	0.04	0.10	0.02	0.09	0.08	0.04	0.00	0.33	0.00	

yes

I want morebooks!

Buy your books fast and straightforward online - at one of world's fastest growing online book stores! Environmentally sound due to Print-on-Demand technologies.

Buy your books online at
www.morebooks.shop

Compre os seus livros mais rápido e diretamente na internet, em uma das livrarias on-line com o maior crescimento no mundo! Produção que protege o meio ambiente através das tecnologias de impressão sob demanda.

Compre os seus livros on-line em
www.morebooks.shop

Printed by Books on Demand GmbH, Norderstedt / Germany